# 建筑工程质量管理标准化手册

JIANZHU GONGCHENG ZHILIANG GUANLI BIAOZHUNHUA SHOUCE

孟 扬 随国庆 主 编

中国建筑工业出版社

**图书在版编目（CIP）数据**

建筑工程质量管理标准化手册／孟扬，随国庆主编．—
北京：中国建筑工业出版社，2020.5
ISBN 978-7-112-24955-8

Ⅰ.①建…　Ⅱ.①孟…②随…　Ⅲ.①建筑工程－工程质量－质量管理－标准化－中国－手册　Ⅳ.①TU712.3-65

中国版本图书馆CIP数据核字（2020）第043677号

就目前我国施工现场而言，工程质量安全管理水平可谓良莠不齐。编者充分考虑到实际现状、实力条件和技术水平等存在的较大差异，经过多次研究讨论，对于工程质量管理标准化作了以下水平定位：高起点的企业可以继续提高，低水平的企业需要下大力气整改，中等水平的企业适当努力，大家对此可以共同明确新的提升目标。本手册包括工程质量行为标准化和工程实体质量控制标准化两部分，整合了相关的现行工程建设法律法规和管理规定，在阐述标准化工艺节点的同时，配以大量工程样板实例照片，图文并茂，形象直观，通俗易懂，便于宣贯。

本书适合建筑工程技术人员、管理人员、工程质量监督及监理人员、大中专学校相关专业师生参考使用。

责任编辑：范业庶　王华月
责任校对：姜小莲
版式设计：锋尚设计

**建筑工程质量管理标准化手册**
孟　扬　随国庆　主编
*
中国建筑工业出版社出版、发行（北京海淀三里河路9号）
各地新华书店、建筑书店经销
北京锋尚制版有限公司制版
北京富诚彩色印刷有限公司印刷
*
开本：787×1092毫米　1/16　印张：8¾　字数：170千字
2020年5月第一版　2020年5月第一次印刷
定价：65.00元
ISBN 978-7-112-24955-8
（35712）

## 《建筑工程质量管理标准化手册》编写委员会

**主　　编**　孟　扬　随国庆

**副 主 编**　万成梅　赵兴柱　徐兴华

**参编单位**

山东省住房和城乡建设厅
济南市住房和城乡建设局
济南土木建筑学会
山东建大工程质量技术研究院
中国建筑第八工程局有限公司青岛公司
中建八局第二建设有限公司
瑞森新建筑有限公司
山东三箭建设工程管理有限公司
山东三箭建设工程股份有限公司
中铁十四局集团建筑工程有限公司
山东平安建设集团有限公司
山东省建设建工（集团）有限责任公司
山东省建设监理咨询有限公司
山东浩岳建设工程有限公司
济南铸诚建筑工程集团有限公司
荣华建设集团有限公司
山东天齐置业集团股份有限公司
江苏省苏中建设集团股份有限公司
江苏省建筑工程集团有限公司
江苏南通六建建设集团有限公司
济南二建集团工程有限公司
海门市设备安装工程有限公司
济南四建（集团）有限责任公司

**编写人员**

杜洪岭　马炳琦　武兆军
杨一伟　张　涛　张洪霞
桑海燕　刘　明　胡莉娟
刘文海　张书博　魏　涛
满　意　江　涛　马广壮
刘炳川　孙　震　谢洪栋
冷明亮　杨永杰　王俊增
李　鹏　刘　闵　颜　波
冯国森　杨位珂　孔令海
吴士兵　董先锐　苏世凯
韩　宇　靳　杨　王　磊
尚玉杰　周传军　王　军
郑　欣　张　朋　王丰亮
毕　旭　郭金宏　徐海平
陈源源　于厥智　宋立新
毛卫东　牛金泉　左冬梅
孙　波　任云丽　徐春花

# 前言

我国建筑业在经历了飞速发展时期，已经步入更加精细高效、注重功能和建筑质量的健康运行轨道，建筑施工现场的工程质量管理是实现这一目标的重中之重。

开展工程质量管理标准化工作是工程质量安全提升行动的重要举措，是新常态下确保工程质量、提升质量管理水平的新要求，是质量管理工作方式方法的创新和发展，也是一项基础性、长期性工作。各地建设主管部门和有关单位要高度重视，要把工程质量管理标准化工作与工程质量常见问题治理相结合、与安全生产标准化管理相结合、与行业诚信体系建设相结合、与企业转型升级相结合、与质量精品工程创建相结合，认真研究，大胆探索，逐步建立和完善质量管理标准化建设的长效机制，促进本地区、本企业质量管理水平均衡发展、稳步提升。

为深入贯彻落实住房和城乡建设部关于工程质量安全提升行动，进一步规范建筑施工企业现场管理的质量行为和做法，我们在充分动员、广泛发动及试点示范基础上，组织行业专家编写了《建筑工程质量管理标准化手册》，旨在为开展房屋建筑工程质量管理标准化工作提供参考。

就目前我国施工现场而言，工程质量安全管理水平可谓良莠不齐。我们充分考虑到实际现状、实力条件和技术水平等存在的较大差异，经过多次研究讨论，对于工程质量管理标准化作了以下水平定位：高起点的企业可以继续提高，低水平的企业需要下大力气整改，中等水平的企业适当努力，大家对此可以共同明确新的提升目标。本手册包括工程质量行为标准化和工程实体质量控制标准化两部分，整合了相关的现行工程建设法律法规和管理规定，在阐述标准化工艺节点的同时，配以大量工程样板实例照片，图文并茂，形象直观，通俗易懂，便于宣贯。另外，与本手册相配套的标准化实地认定打分，由各个地区按照当地实际情况自行组织完善和细化具体的办法。

由于时间仓促，手册在编写过程中难免存在疏漏和错误之处，希望广大读者在使用过程中，结合本企业、本项目实际，注意总结经验，并提出宝贵意见和建议，以便使本手册不断完善。

2020 年 3 月

# 目录

第 2 章

# 第 1 章

# 工程质量行为标准化

## 1.1 参建各方质量行为准则

### 1.1.1 基本要求

（1）建设、勘察、设计、施工、监理、检测等单位依法对工程质量负责。其中，建设单位（含房地产开发企业，下同）对工程质量负总责；

（2）勘察、设计、施工、监理、检测等单位应当依法取得资质证书，并在其资质等级许可的范围内从事建设工程活动；

（3）建设、勘察、设计、施工、监理等单位的法定代表人应当签署授权委托书，明确各自工程项目负责人。项目负责人应当签署工程质量终身责任承诺书。法定代表人和项目负责人在工程设计使用年限内对工程质量承担相应责任；

（4）从事工程建设活动的专业技术人员应当在注册许可范围和聘用单位业务范围内从业，对签署技术文件的真实性和准确性负责，依法承担质量安全责任；

（5）工程一线作业人员应当按照相关行业职业标准和规定经培训考核合格，特种作业人员应当取得特种作业操作资格证书。工程建设有关单位应当建立健全一线作业人员的职业教育、培训制度，定期开展职业技能培训；

（6）施工单位、建设单位等参建主体，应完善质量决策、保证、监督机制，强化内控管理，全面建立自我约束、持续改进、有效运转的质量管理体系；

（7）工程完工后，建设单位应当组织勘察、设计、施工、监理等有关单位进行竣工验收。工程竣工验收合格后，方可交付使用。

### 1.1.2　建设单位的质量行为要求

（1）建设单位依法申请领取施工许可证，未取得施工许可证的，不得开工；

（2）建设单位应在开工前书面通知各参建方，明确项目质量管理组织机构以及项目负责人、技术（质量）负责人等岗位职责、项目质量管理制度。关键岗位人员发生变更的要办理变更手续，并重新通知到位；

（3）建设单位应按规定办理工程质量监督手续，留存监督交底记录；

（4）建设单位不得肢解发包工程；

（5）建设单位应按规定委托具有相应资质的检测单位进行检测工作；

（6）建设单位应对施工图设计文件报审图机构审查，审查合格后方可使用；

（7）建设单位对有重大修改、变动的施工图设计文件，应重新进行报审，审查合格后方可使用；

（8）建设单位及时组织图纸会审、设计交底工作；

（9）按合同约定，由建设单位采购的建筑材料、建筑构配件和设备的质量应符合要求；

（10）建设单位不得指定应由承包单位采购的建筑材料、建筑构配件和设备，或者指定生产厂、供应商；

（11）严禁明示或者暗示设计、施工等单位违反工程建设强制性标准，降低工程质量；

（12）科学确定合理工期，房屋建筑工程混凝土结构施工每层工期原则上不得少于 5 日。确需压缩工期的，提出保证工程质量和安全的技术措施及方案，经专家论证通过后方可实施。建设单位要求压缩工期的，因压缩工期所增加的费用由建设单位承担，随工程进度款一并支付；

（13）施工合同应明确质量目标和质量奖罚措施，不应只罚不奖；

（14）建设单位在开工前向施工单位下达“住宅工程质量常见问题专项治理任务书”，明确治理目标，组织审批施工专项治理方案，明确专项治理费用和奖罚措施，建设过程中及时督促参建各方落实专项治理责任；

（15）按合同约定及时支付工程款。

### 1.1.3 勘察、设计单位的质量行为要求

（1）勘察、设计单位必须按照工程建设标准进行勘察、设计，并对其勘察、设计的质量负责；

（2）勘察单位提供的地质、测量、水文等勘察成果必须真实、准确；

（3）在工程施工前，就审查合格的施工图设计文件向施工单位和监理单位作出详细说明；

（4）及时解决施工中发现的勘察、设计问题，参与工程质量事故调查分析，并对因勘察、设计原因造成的质量事故提出相应的技术处理方案；

（5）按规定参与施工验槽。

### 1.1.4 施工单位的质量行为要求

（1）施工单位应结合自身特点和质量管理需要，建立质量管理体系并形成文件；

（2）施工单位应制定质量方针并形成文件。质量方针应与施工单位的经营管理方针相适应，体现施工单位的质量管理宗旨和战略方向；

（3）施工单位应建立质量管理体系的组织机构，配备相应质量管理人员，规定相应的职责、明确授予权限并形成文件；

（4）施工单位应建立并实施人力资源管理制度。施工单位的人力资源规划应满足质量管理需要；

（5）施工单位应建立施工机具管理制度，对施工机具的配备、安装与调试、验收、使用与维护等作出规定，并明确各管理层次及有关岗位在施工机具

管理中的职责；

（6）施工单位应建立并实施工程材料、构配件和设备管理制度，对工程材料、构配件和设备的采购、进场验收、现场管理及不合格品的控制作出规定；

（7）施工单位应建立并实施分包管理制度，明确各管理层次和部门在分包管理活动中的职责和权限；

（8）施工单位应建立并实施工程项目施工质量管理制度，对工程项目施工质量管理策划、工程设计、施工准备、过程控制、变更控制和交付与服务作出规定；

（9）施工单位应对项目经理部的施工质量管理活动进行监督、指导、检查和考核；

（10）施工单位应实施工程项目质量管理策划，明确策划内容。工程项目质量管理策划结果所形成的文件，应按程序经内部审批并报建设、监理单位认可后方可实施；

（11）施工单位应建立并实施施工质量检查与验收管理制度，应明确各管理层次对施工质量检查与验收活动进行监督管理的职责和权限。检查和验收活动应由具备相应资格和能力的人员实施，同时做好对分包工程的质量检查与验收工作；

（12）施工单位应采用现代信息管理技术，通过质量信息资源的开发和利用，提升质量管理水平；

（13）施工单位应当建立健全教育培训制度，加强对职工的质量安全教育培训，未经教育培训或者考核不合格的人员，不得上岗作业。

### 1.1.5　工程监理单位的质量行为要求

（1）工程监理单位与被监理工程的施工承包单位以及建筑材料、建筑构配件和设备供应单位有隶属关系或者其他利害关系的，不得承担该项建设工程的监理业务；

（2）禁止工程监理单位允许其他单位或者个人以本单位的名义承担工程监理业务。工程监理单位不得转让工程监理业务；

（3）工程监理单位应当依照法律法规以及有关技术标准、设计文件和建设工程承包合同，代表建设单位对施工质量实施监理，并对施工质量承担监理责任；

（4）工程监理单位宜参照《建设工程监理工作标准体系》（中建监协〔2019〕60号）拟制《房屋建筑工程监理规程》，结合房屋建筑工程监理特点和工作要求，明确监理工作程序、内容和方法等；

（5）工程监理单位应在施工现场派驻项目监理机构。项目监理机构的监理人员由总监理工程师、专业监理工程师和监理员组成，且专业配套、到岗履职，数量应满足当地住房和城乡建设行政主管部门（以下简称“建设主管部门”）对工程监理人员定岗标准的要求；必要时可设总监理工程师代表。项目总监理工程师须有工程监理单位法定代表人签署的任命书。总监理工程师、监理工程师发生变更的要履行变更手续；

（6）项目监理机构应编制监理规划和监理实施细则。监理规划由总监理工程师组织专业监理工程师编制，由监理单位技术负责人审批，并应在召开第一次工地会议前报送建设单位。监理实施细则应在相应工程施工开始前由专业监理工程师编制，并报总监理工程师审批；

（7）监理工程师应当按照《建设工程监理规范》GB/T 50319的要求，采取旁站、巡视和平行检验等形式，对建设工程实施监理；

（8）项目监理机构应按建设工程监理合同约定，配备满足监理工作需要的检测设备和工器具；

（9）项目监理机构应定期召开监理例会，组织有关单位研究解决与监理相关的问题，并留存相关记录及会议纪要；

（10）总监理工程师应组织专业监理工程师审查施工单位报送的工程开工报审表及相关资料，由总监理工程师签署审查意见，报建设单位批准后，由总监理工程师签发工程开工令；

（11）项目监理机构应按照施工进度计划审查施工组织设计及相关施工方案。审查检测机构资质、分包单位资质及人员配置；

（12）项目监理机构应审查施工单位报送的用于工程的材料、构配件、设备的质量证明文件，并应按有关规定、建设工程监理合同约定，对用于工程的材料进行见证取样、平行检验；

（13）未经监理工程师签字，建筑材料、建筑构配件和设备不得在工程上使用或者安装，施工单位不得进行下一道工序的施工。未经总监理工程师签字，建设单位不得拨付工程款，不得进行竣工验收；

（14）项目监理机构应对施工单位报验的隐蔽工程、检验批、分项工程和分部工程进行验收，对验收合格的应给予签认。对验收不合格的应拒绝签认，同时要求施工单位在指定的时间内整改并重新报验；

（15）项目监理机构发现施工存在质量问题的，或施工单位采用不适当的施工工艺，或施工不当，造成工程质量不合格的，应及时签发监理通知单，要求施工单位整改。整改完毕后，项目监理机构应根据施工单位报送的监理通知回复单对整改情况进行复查，提出复查意见；

（16）项目监理机构对施工存在重大质量事故或隐患的，应下达监理通知或进行复查；若发生质量事故的，应按规定程序向建设主管部门或其所属质量监督机构报告；

（17）项目监理机构应及时整理、分类汇总监理文件资料，并应按规定组卷，形成监理档案。

### 1.1.6　工程检测单位（检验检测机构）的质量行为要求

（1）检测单位不得与行政机关，法律法规授权的具有管理公共事务职能的组织以及所检测工程项目相关的设计单位、施工单位、监理单位有隶属关系或者其他利害关系；

（2）检测单位应当按照国家有关工程建设强制性标准进行检测，并对检测数据和检测报告的真实性和准确性负责；

（3）检测单位应将检测过程中发现的建设单位、监理单位、施工单位违反有关法律法规和工程建设强制性标准的情况，以及涉及结构安全检测结果的不合格情况，及时报告工程所在地建设主管部门；

（4）检测单位应当单独建立检测结果不合格项目台账；

（5）检测单位应当建立档案管理制度。检测合同、委托单、原始记录、检测报告应当按年度统一编号，编号应当连续，不得随意抽撤、涂改。

### 1.1.7 混凝土生产单位的质量行为要求

（1）混凝土生产单位应按生产许可的规定取得相应的资质，并根据核定的资质等级范围组织生产；

（2）混凝土生产单位应结合自身特点和质量管理需要，建立质量管理体系；

（3）混凝土生产单位应按照质量管理组织架构配置相应的管理人员；

（4）混凝土生产单位应建立并实施文件管理制度，对文件管理的范围、职责、流程和方法等进行管理；

（5）混凝土生产单位应建立并实施记录控制制度，所有质量记录资料应齐全完整，并予以保存；

（6）混凝土生产单位应建立内部质量管理监督检查和考核机制；

（7）混凝土生产单位应建立并实施原材料管理制度，并对原材料的采购、验收、保管进行控制；

（8）混凝土生产单位应建立原材料保管和领用制度，原材料存放场地和库房必须满足原材料贮存要求；

（9）混凝土生产单位应建立原材料供应商的评价制度，规定选择原材料供应商的流程和方法；

（10）混凝土生产单位应依据有关法律法规制定质量回访和保修制度，并组织实施。

### 1.1.8 质量终身责任制

（1）建筑工程五方责任主体项目负责人，是指承担建筑工程项目建设的建设单位项目负责人、勘察单位项目负责人、设计单位项目负责人、施工单位项目经理、监理单位总监理工程师；

（2）建筑工程五方责任主体项目负责人质量终身责任，是指参与新建、扩建、改建的建筑工程项目负责人按照国家法律法规和有关规定，在工程设计使用年限内对工程质量承担相应责任；

（3）符合下列情形之一的，县级以上地方人民政府建设主管部门应当依法追究项目负责人的质量终身责任：

1）发生工程质量事故；

2）发生投诉、举报、群体性事件、媒体报道并造成恶劣社会影响的严重工程质量问题；

3）由于勘察、设计或施工原因造成尚在设计使用年限内的建筑工程不能正常使用；

4）存在其他需追究责任的违法违规行为。

（4）工程质量终身责任实行书面承诺和竣工后永久性标牌等制度。

工程竣工验收前，建设单位应在建筑物明显部位设置永久性标牌，载明工程名称、开竣工日期、建设、勘察、设计、施工、监理、图审、检测机构全称和项目负责人姓名；

（5）违反法律法规规定，造成工程质量事故或严重质量问题的，除按规定追究项目负责人终身责任外，还应依法追究相关责任单位和责任人员的责任。

## 1.2 施工单位项目质量管理体系建设

### 1.2.1 质量管理体系

（1）质量管理机构设置，应以能实现施工项目所要求的工作任务为原则，尽量简化机构，做到精干高效；项目部应根据工程规模并结合企业质量管理体系，建立并完善质量管理机构，明确岗位职责；

（2）项目部应根据项目质量管理机构配置相应的管理人员，并应依法取得相应资格证书、上岗证，确保与备案人员相符；

（3）项目部应制定各岗位的质量管理职责。项目经理分别与项目部各质量管理人员签订岗位质量责任书；

（4）项目部应编制项目质量管理策划书，并经企业内部审核、审批后实施；

（5）项目部应根据项目质量管理策划书、岗位质量责任书，明确各分部、分项工程及关键部位、关键环节的质量责任人，并制定考核内容，建立内部考核机制；

（6）项目部应编制“住宅工程常见问题专项治理技术方案”，经项目总监理工程师审查后，报建设单位批准。

### 1.2.2 项目质量员配置要求

（1）2 万 $m^2$ 及以下的一般建筑工程项目，至少应配备 1 名专职质量员；

（2）2 万～6 万（含 6 万）$m^2$ 的一般建筑工程项目的专职质量员配备，不应少于 2 人；

（3）6 万 $m^2$ 以上的一般建筑工程项目专职质量员应在 2 人以上，建筑面积每增加 5 万 $m^2$ 增加 1 人；

（4）6 万 $m^2$ 以上的一般建筑工程项目应设置独立的质量管理部门，并配备质量负责人。质量负责人应具备中级职称，并有质量员证书；

（5）其他类别工程的专职质量员的配置，应符合当地建设主管部门对关键岗位人员配备数量最低标准的规定。

### 1.2.3　质量管理人员职责

（1）项目经理是施工项目工程质量的第一责任人，对施工项目的质量管理工作及项目的工程实体质量负直接领导责任。其主要职责有：

1）保证国家、行业、地方的法律法规、技术标准，以及公司的各项质量管理制度在项目的实施中得到贯彻落实；

2）建立施工项目的质量管理体系并保持其有效运行；

3）召集并主持项目部质量专题会议；

4）按规定上报工程质量事故，并配合开展事故调查和处理。

（2）项目技术负责人对项目的工程质量负技术管理责任。其主要职责有：

1）严格执行国家、行业的工程质量技术标准、规范；

2）保证施工方案、技术措施满足项目既定的质量目标和分部工程的质量标准，并监督方案、技术措施的落实；

3）保证试验、检测的数据反映施工质量的真实状态；

4）参加项目质量验收工作；

5）参与质量事故调查。

（3）项目质量负责人对项目质量管理体系的运行、维护及工程质量负监督及管理责任。其主要职责有：

1）严格执行有关工程质量的各项法律法规、技术标准、规范及管理制度；

2）监督项目质量管理体系的运行，并向项目经理及时报告运行中出现的问题；

3）保证项目质量监督体系有效运行；

4）监督企业内部的各项质量管理制度在项目的落实；

5）研究解决项目质量缺陷或常见质量问题；

6）组织对项目部人员的质量教育，提高项目部全员的质量意识；

7）组织项目的质量例会；

8）及时向项目经理报告质量事故，并参与质量事故的调查。

（4）项目材料员负责对进场材料、设备的质量把关。其主要职责有：

1）核对进场材料、半成品及设备的规格型号，保证其符合物资采购合同的要求；

2）核对进场材料、设备的质量证明材料的真实性、完整性；

3）参与进场材料、设备的开箱验收，并填写相关记录。

（5）项目试验员对应送第三方的检（试）验工作的真实、有效负责。其主要职责有：

1）严格按有关检（试）验方案取样，保证试件的代表批量符合规范的规定；

2）保证项目部试验设备、设施符合有关规范的规定；

3）保证各类送检试件交由具有相应资质的检测结构检验；

4）完整、准确填写试件送检单，保证试验结果具有可追溯性。

（6）项目资料员的主要职责有：

1）负责对工程文件资料进行收集、整理、筛分、建档、归档工作的管理；

2）负责工程项目的所有图纸的接收、清点、登记、发放、归档、管理工作；

3）收集整理施工过程中所有技术变更、洽商记录、会议纪要等资料并归档；

4）监督检查施工资料的编制、管理，做到完整、及时，与工程进度同步。对形成的管理资料、技术资料、物资资料及验收资料进行全程督查，保证施工资料的真实性、完整性、有效性。

（7）项目测量员的主要职责有：

1）制定切实可行的与施工同步的测量放线方案；

2）认真执行测量仪器使用制度，填写测量仪器台账，定期对所使用仪器进行保养、检定，未经检定或检定不合格的仪器不得在项目中使用；

3）会同建设单位一起对测量控制点进行实地校测，做好对测量桩点的保护，并在施工的各个阶段和各主要部位做好放线、验线工作，准确地测设标高；

4）负责垂直观测、沉降观测，并记录整理观测结果；

5）及时整理测量原始记录，记录好测量内容、时间、服务工序和交底人员，保存好测量资料。

### 1.2.4 质量管理制度

（1）标示标牌制度

1）施工单位在主要出入口处应设置“六牌两图”（即工程概况牌、管理人员电话牌、消防保卫牌、安全生产牌、文明施工牌、入场须知牌，施工现场总平面图、建筑工程立面图）。

2）施工单位在施工现场醒目位置应设置五方责任主体授权书、承诺书、项目负责人公示牌，施工单位、监理单位项目管理人员公示牌。公示牌应与场地内其他标识牌的规格、样式一致，并应排放有序，照片印刷在相应位置，不应采用粘贴方式。具体做法如图 1.2.4–1、图 1.2.4–2 所示。

3）施工单位应在施工现场的明显位置设置质量问题警示牌，警示牌应采用坚固、耐久并具有防雨防潮功能的材料制作，尺寸宜为 600mm（宽）× 800mm（高）。

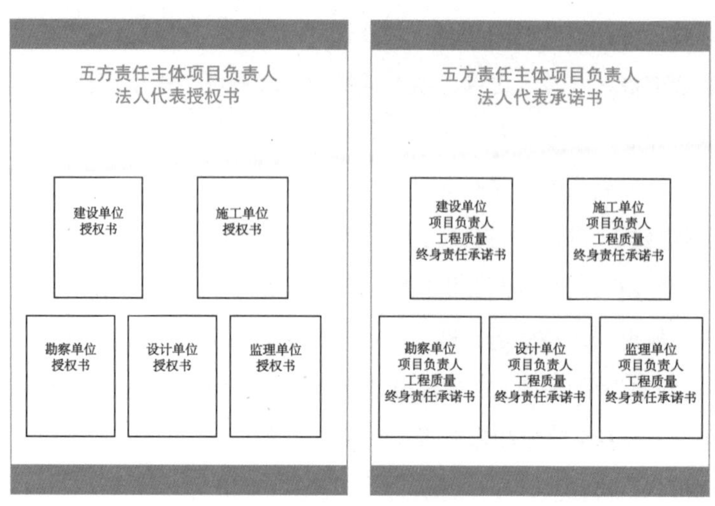


图 1.2.4-1　五方责任主体授权书、承诺书

五方责任主体项目负责人公示牌

| 工程名称 | | | |
|---|---|---|---|
| 建设单位 | 单位名称 | | 照片 |
| | 项目负责人姓名 | | |
| | 联系电话 | | |
| 施工单位 | 单位名称 | | 照片 |
| | 项目负责人姓名 | | |
| | 职业资格证书号 | | |
| | 联系电话 | | |
| 勘察单位 | 单位名称 | | 照片 |
| | 项目负责人姓名 | | |
| | 职业资格证书号 | | |
| | 联系电话 | | |
| 设计单位 | 单位名称 | | 照片 |
| | 项目负责人姓名 | | |
| | 职业资格证书号 | | |
| | 联系电话 | | |
| 监理单位 | 单位名称 | | 照片 |
| | 项目负责人姓名 | | |
| | 职业资格证书号 | | |
| | 联系电话 | | |

施工单位项目管理人员公示牌

| 岗位名称 | 姓名 | 资格证号 | 本人签字 | 照片 |
|---|---|---|---|---|
| 项目负责人 | | | | 打印 |
| 项目技术负责人 | | | | |
| 施工员 | | | | |
| 安全员 | | | | |
| 质量员 | | | | |
| 资料员 | | | | |
| 材料员 | | | | |
| 机管员 | | | | |
| 造价员 | | | | |
| 劳管员 | | | | |

监理单位项目人员公示牌

| 岗位名称 | 姓名 | 资格证号 | 本人签字 | 照片 |
|---|---|---|---|---|
| 项目总监 | | | | 打印 |
| **监理工程师 | | | | |
| **监理工程师 | | | | |
| **监理工程师 | | | | |
| **监理工程师 | | | | |
| **监理工程师 | | | | |
| 监理员 | | | | |
| 监理员 | | | | |
| 监理员 | | | | |
| 监理员 | | | | |

图 1.2.4-2　项目管理人员公示牌

4）工程竣工验收前，建设单位应在建筑物明显部位设置永久性标牌，载明工程名称、开竣工日期、建设、勘察、设计、施工、监理、图审、检测机构全称和项目负责人姓名。具体要求如下：

①标牌尺寸：宽 750mm，高 500mm；

②工程名称、开竣工日期、建设、勘察、设计、施工、监理单位、图审、检测机构和项目负责人文字字体采用黑体加粗，其他文字字体采用仿宋体加粗，文字高 30mm、宽 20mm、行距 20mm；

③标牌材质：花岗岩（黑色金字）或铜牌（带边红字），标牌年限应为建筑物的使用年限。

（2）现场材料设备管理制度

1）材料设备验收应按照材料合同要求、国家规范要求以及现场封存的样品，对进场材料设备的品种、规格、型号、数量、外观质量、运输损耗、合格证、检测报告、准用证以及其他应随产品交付的技术资料等进行验收；

2）进到施工现场的材料设备由材料员组织质量员、施工员进行验收。需现场复试的材料，经现场验收合格后由试验员进行取样复试，试验员将复试结果及时通知材料员和项目技术负责人。对验收、复试不合格的材料设备，不得用于工程，应与供应商联系并要求退货，且做好退货记录；

3）现场材料设备的状态应作出标识，未经验收的材料设备，不得投入使用或加工；

4）施工现场应按施工总平面布置图选择适当位置堆放材料，所选位置不得影响施工，并便于运输和装卸，减少二次搬运。材料堆放场地应硬化、不积水。材料应分类、分批、分规格堆放整齐、位置安全。现场平面布置图随工程进度及时调整；

5）钢筋应采用专用支架离地分类堆放，标识清晰且采取防锈措施。砖、砌块堆放整齐，下垫上盖、不得歪斜，堆放高度不宜超过 2.0m，并距沟槽坑边不小于 0.5m；

6）进场水泥分强度等级堆放整齐，标明强度等级、进场日期等，遵循“先进先用”的原则。库房应及时清理，且有良好的避雨设施和排水设施，以保证房间干燥；

7）各种模板应当按规格分类堆放整齐，地面应平整坚实，叠放高度一般不宜超高 1.5m；大模板应放在经专门设计的存架上，当存放在施工楼层上时，应当满足自稳角度并有可靠的防倾倒措施；

8）砂、石等散材，分类堆放并覆盖或封闭。木材分类堆放整齐，配备消防器材，设专人管理。钢管、扣件等周转材料，集中、分类放置整齐。保温材料、防水材料、防火材料、水电安装工程材料、木制品应分类堆放整齐，采取防雨、防潮、防火措施，设专人管理。危险材料专用库房应按相关规范要求设置，有明显标识，通风良好，设专人管理。

（3）检验与试验制度

1）项目开工前，项目部应对项目需要委托检验的试验室进行考核和评价；

2）根据项目施工计划、物资（设备）需用计划，编制试验计划。试验计划应包含结构性能试验计划等；

3）物资（设备）进场，材料员组织项目施工员、质量员进行质量、规格、数量和随货技术、质量证明资料等验证；

4）必须坚持“试验在前、合格后方能使用”的原则。当设计采用新材料或以往未使用过的材料，应对该材料的生产工艺进行考察、了解，收集其检验、试验项目，进场验收时应重点控制；

5）项目试验员根据物资进场验收记录或施工试验通知单，按照相关规范要求的数量、规格、部位等进行取样、标识及养护，并建立试验台账；

6）对于要求见证取样和送检的材料，项目试验员应在建设或监理单位人员旁证下进行现场取样、制备样品，与旁证人员共同封样，试样与见证记录一并送试验室；

7）施工现场抽取或制作的试件应有唯一性标识，内容应包括试件（样）编号、材料的规格、制作或成型日期等内容。试件编号应按单位工程分类顺序排号，不得空号和重号；

8）建筑工程采用的主要材料、半成品、成品、建筑构配件、器具和设备应进行进场检验。对涉及安全、节能、环境保护和使用功能的重要材料产品，应按规定进行复验；

9）无机非金属建筑主体材料和装修材料、人造木板及饰面人造木板、涂料、胶粘剂、水性处理剂和其他材料进场前，应按国家现行有关标准的规定进行有害物质含量检验；

10）对混凝土、砂浆需进行养护的试件，区分为标准养护和现场同条件养护。同条件养护试件应放在钢筋笼内加锁保护，楼板的同条件试块宜放在楼梯口，柱的同条件试块宜放在靠近楼梯口的柱旁。

（4）见证取样制度

1）见证取样和送检是指在建设或监理单位人员见证下，由施工单位现场试验员对工程中涉及结构安全的试块、试件和材料在现场取样，并送至经过省级以上建设行政主管部门对其资质认可和质量技术监督部门对其计量认证的质量检测单位进行检测。

2）涉及结构安全的试块、试件和材料见证取样、送检的比例，不得低于有关技术标准中规定应取样数量的30%。

3）下列试块、试件和材料必须进行见证取样和送检：

①用于承重结构的混凝土试块；

②用于承重墙体的砌筑砂浆试块；

③用于承重结构的钢筋及连接接头试件；

④用于承重墙的砖和混凝土小型砌块；

⑤用于拌制混凝土和砌筑砂浆的水泥；

⑥用于承重结构的混凝土中使用的掺加剂；

⑦地下、屋面、厕浴间使用的防水材料；

⑧国家规定必须实行见证取样和送检的其他试块、试件和材料。

4）见证人员应由建设或监理单位具备建筑施工试验知识的专业技术人员担任，并应由建设或监理单位书面通知施工单位、检测单位和负责该项工程的质量监督机构。见证人员、取样人员应对试样的代表性和真实性负责。

5）在施工过程中，见证人员应按照见证取样和送检计划，对施工现场的取样和送检进行见证，取样人员应在试样或其包装上作出标识、封志。标识和封志应标明工程名称、取样部位、取样日期、样品名称和样品数量，并由见证人员和取样人员签字。见证人员应填写见证记录，并将见证记录归入施工技术档案。

6）见证取样的试块、试件和材料送检时，应由送检单位填写委托单，委托单应有见证人员和送检人员签字。检测单位应检查委托单及试样上的标识和封志，确认无误后方可进行检测。

7）检测单位应严格按照有关管理规定和技术标准进行检测，出具公正、真实、准确的检测报告。见证取样和送检的检测报告必须加盖见证取样检测专用章。

（5）样板引路制度

工程样板包括：节点样板、工序样板、工艺样板、中间交付样板、竣工样板等。

1）项目开工后，项目技术负责人应编制样板制作计划和方案。样板方案须经施工单位（质量）技术负责人审核，报项目总监理工程师、建设单位项目负责人同意并书面签字后，用于技术交底、岗前培训，以指导施工和质量验收。

2）现场常规分项应采用实物样板或虚拟样板，以现场示范操作、视频动画、图片文字、实物展示、样板间等形式分阶段直观展示关键部位、关键工序的做法与要求。样板实施应随项目应用过程持续补充更新。

3）工程样板实施要求：

①样板施工前，项目技术负责人应根据样板方案对作业人员进行交底，并严格控制施工过程，使之符合设计规范要求；

②样板施工结束后，由建设、监理和施工单位对该板块进行验收，并做好签认。合格后方可开始大面积施工；

③样板验收合格后，组织施工人员召开现场会、参观样板，进行现场交底，明确该工序的操作方法和应达到的质量标准，然后组织大面积施工；

④施工过程中作业人员变动时，必须由新的班组施工样板，经项目技术负责人和质量负责人验收合格后，方可开始大面积施工。

4）装修样板间实施要求：

①装修工程开始前，应先做出样板间。同一项目工程应至少做一个样板间。样板间应达到竣工交验的标准，同时根据样板间确定各种材料、设备的选择，确定各专业交叉施工时应注意的事项；

②住宅工程样板间，应设在二层或二层以上，选择至少一个标准户型。公建工程样板间，应设在二层或二层以上，有代表性的卫生间、房间至少各一间；

③外墙外保温样板应设置在山墙与外纵墙的转角部位，面积不得小于 $20m^2$，且应至少包含外窗洞口、外墙挑出构件各一处。同一工程项目（标段）采用多个外墙保温系统的，应分别制作样板；

④装饰样板间应以高标准作为大面积施工的依据，经建设、监理、施工单位联检达到验收标准后，再进行大面积施工，最后以样板间为标准进行验收。

（6）“三检”制度

“三检”制度是自检、专检和交接检制度的简称，是建立在技术交底的基础上的检验制度。在任何工序施工之前，必须做好技术交底，必须有质量检验标准和检验方法。

1）所有生产班组都必须执行自检制度，即班组及操作者必须自我把关，保证交付合格产品；

2）专检是指每一检验批、分项工程、子分部工程必须经过专职质量检查员检查验收。专职质量员检验合格后必须在验收记录中签字并加盖质量员专用章，方为有效。对于检验不合格的，必须要求整改，整改后进行二次验收。只有经专职质量员检验合格的工序产品，方可报驻场监理工程师验收，进入下道工序施工；

3）交接检是指前后工序或班组与班组之间进行的交接检查。交接检工作，一方面是为了明确质量责任，另一方面也是为了让操作者及其班组树立整体观念和为下道工序服务的责任意识。

（7）隐蔽工程验收制度

1）隐蔽工程验收前，由项目质量员、专业工程师和作业层负责人进行预检。预检合格后，通知驻场监理工程师及时到场验收；

2）每次隐蔽工程验收应拍摄不少于 3 张照片（即远景，拍摄参加验收的人员；中景，拍摄验收的范围；近景，拍摄重要节点）。在填写隐蔽工程验收记录时，须将照片附后；

3）隐蔽工程验收发现质量问题时，施工员应积极组织班组限期整改，符合要求后重新进行验收。

（8）实测实量制度

1）施工单位应成立实测实量工作小组，根据施工进度开展现场实测实量工作，安排和调整相应的质检人员；

2）实测实量应包含墙柱垂直度、平整度、净空尺寸、楼板墙体厚度、门窗洞口尺寸、构件截面尺寸、房间尺寸等；

3）在住宅工程结构施工期间，施工单位应对住宅工程结构分户验收实测实量，且数据标识上墙；参建各方在进行分部工程验收时，应抽取不少于 20% 的比例对住宅工程结构净高、净距进行比对性复核；

4）主体验收前，应在室内墙面弹出建筑标高控制线，在地面弹出平面控制线。实行初装修验收的住宅工程，应在墙面上弹出标高控制线（1000mm 线或 500mm 线），在地面上弹出轴线控制线（200mm 线）和暗埋管线区域标识线；

5）全装修住宅工程应按规定将室内空间尺寸偏差检验情况张贴于入户项目位置，并将实测内容建立测量档案，留置相关影像资料。

（9）成品保护制度

1）板筋绑扎完成后，应铺设行人及混凝土浇筑通道，防止钢筋踩踏变形。混凝土泵管、布料机应采取可靠措施架空放置，与钢筋隔离，防止钢筋发生变形移位；

2）在浇筑混凝土时，应对钢筋进行成品保护。钢筋机械连接接头在加工后及现场连接前应做保护帽；

3）混凝土浇筑完成后，楼板混凝土强度达到 1.2MPa 后方可进行下道工序；

4）模板拆除后，对柱角、剪力墙角、楼梯踏步等部位应进行护角保护；

5）抹灰工程完成后，墙角、柱角应采取保护措施；

6）做好的地面，不允许有机油、油漆、油污、胶或胶粘剂等污染物洒落地面；不允许在水泥地面上拌和砂浆；高凳、梯子及小车腿等操作工具用胶皮包好，以防磕碰地面；

7）瓷砖镶贴完成后，阳角位置应做保护条，后序施工时，不得污染和损坏瓷砖，不得有金属物体和其他材料堆积在地面瓷砖上；

8）窗型材宜覆贴保护；管道宜缠绕保护；预留管道承插口宜采用专用护具；地漏宜封堵保护。

（10）工程验收制度

工程验收分为检验批、分项、分部工程验收。分别要求如下：

1）检验批施工完成后，施工单位质量员应组织施工员、班组进行自检，自检合格后报监理工程师验收。检验批验收由监理工程师组织施工单位质量员、施工员等进行验收并签认。检验批质量验收合格应符合下列规定：

①主控项目的质量经抽样检验均应合格；

②一般项目的质量经抽样检验合格，当采用计数抽样时，合格点率应符合有关专业验收规范的规定，且不得存在严重缺陷；

③具有完整的施工操作依据和质量验收记录。

2）分项工程所含的检验批均完成后，项目技术负责人组织项目质量员、施工员等进行自检，自检合格后报监理工程师验收。分项工程验收由监理工程师组织项目相关人员进行验收并签认。分项工程质量验收合格应符合下列规定：

①所含的检验批的质量均应验收合格；

②所含检验批的质量验收记录应完整。

3）分部（子分部）工程完成后，项目经理组织分包单位负责人、项目技术负责人、质量负责人（质量员）、施工员等进行自检，自检合格后报总监理工程师验收。分部工程验收由总监理工程师组织施工单位、分包单位共同进行验收。

地基与基础分部工程的验收，还应由勘察、设计单位项目负责人和施工单位技术、质量部门负责人参加，并报建设工程质量监督机构。

主体结构、建筑节能分部工程的验收，还应由设计单位项目负责人和施工单位技术、质量部门负责人参加，并报建设工程质量监督机构。

4）住宅工程分户验收要求：

①分户验收应按照经审查合格的设计文件和经审查批准的分户验收方案组织实施；

②分户验收应由施工单位提出申请，建设单位组织实施，建设单位及施工单位（含分包单位）项目负责人、监理单位项目总监理工程师及相关质量、技术人员参加，对所涉及的部位、数量按分户验收方案进行检查验收。已经预选物业公司的项目，物业公司应当派人参加分户验收；

③分户验收应以单位工程主体验收和竣工验收时的观感质量、室内主要空间尺寸和使用功能为主要验收项目，并在竣工验收前完成；

④住宅工程交付使用前，应向业主提供“住宅使用说明书”和“住宅质量保证书”，明确基本设施、主要功能、使用要求和维保方式。“住宅使用说明书”形成二维码，张贴于分户门内侧，便于用户及时查询。

5）竣工验收要求：

①单位工程完工后，施工单位应组织有关人员进行自检。总监理工程师应组织各专业监理工程师对工程质量进行竣工预验收。存在施工质量问题时，应由施工单位整改。整改完毕，经监理单位验收合格后，由施工单位向建设单位提交工程竣工报告，申请工程竣工验收；

②建设单位收到工程竣工报告后，对符合竣工验收要求的工程，组织勘察、设计、施工、监理等单位项目负责人组成验收组，制定竣工验收方案进行单位工程验收；

③建设、勘察、设计、施工、监理等单位组成的验收组包括：各单位在住房城乡建设主管部门备案的项目负责人；勘察、设计、施工、监理等单位的专业负责人；分包单位项目负责人；

④竣工验收方案应经各参建单位项目负责人签字确认。验收方案内容应包括：工程概况，验收依据，验收的时间、地点，验收分组情况及名单、各组职责及分工，验收主持人和参建单位主汇报人，验收的程序、内容和组织形式等；

⑤各责任单位参加验收人员应现场签名，签署验收结论并提出整改意见。其中，勘察、设计验收人员应签署施工与勘察、设计文件的符合性意见；

⑥单位工程质量验收合格，应符合下列规定：

A．所含分部工程的质量均应验收合格；

B．质量控制资料应完整；

C．所含分部工程中有关安全、节能、环境保护和主要使用功能的检验资料应完整；

D．主要使用功能的抽查结果应符合相关专业验收规范的规定；

E．观感质量应符合要求。

（11）分包质量管理制度

1）总承包单位（以下简称“总包单位”）须将分包单位的质量管理全部

纳入总包单位的质量管理体系，对施工质量进行全面监控。工程竣工交验，由总包单位对建设单位负责，确保实现质量目标；

2）分包单位进场前必须将其营业执照、资质证书、业绩证明等材料上报到总包单位，由总包单位报监理单位审批；审批通过后，由总包单位通知分包单位进场。否则，不准进场、不准施工；

3）各专业分包单位应向总包单位提交“质量保证计划书”，经总包单位审核后报请监理、建设单位批准。“质量保证计划书”的内容应包括：质量目标、质量管理及保证措施、关键部位质量的跟踪控制、常见质量问题的防治等；

4）总包单位应不定期检查各分包单位的自检记录及自检资料，对记录不详、资料不齐的，总包单位将发出限期整改通知，责成分包单位立即安排整改；

5）分包单位材料进场后必须将材料出厂合格证报总包单位，由总包单位报监理单位审批；审批通过后，方可用于工程施工；凡有复检要求的，应由总包单位质量员、试验员约请监理单位工程师与分包单位试验员一起进行见证取样送检，复检合格后才可用于工程施工。

（12）项目信息化管理

1）建设、施工单位宜建立与其他主要参建方协同工作的专业信息化管理系统，成立专门的信息化管理小组，建立信息化管理制度；

2）施工质量管理过程中，宜使用大数据、智能化、移动通信、云计算、物联网、BIM 等信息技术；

3）施工组织中的工序安排、资源配置、平面布置、进度计划等宜采用 BIM 技术进行模拟；

4）施工中的现浇混凝土结构、装配式混凝土结构、钢结构、机电等宜采用 BIM 技术进行深化设计。

## 本章参考文献


[1]《中华人民共和国建筑法》(2011 年修正版)

[2]《建设工程质量管理条例》(2000 年 1 月 30 日国务院令第 279 号公布)

[3]《建设工程勘察设计管理条例》(2000 年 9 月 25 日国务院令第 293 号公布，2015 年 6 月 12 日国务院令第 662 号修订)

[4]《建筑工程施工许可管理办法》(2018 年 9 月住房和城乡建设部令第 42 号)

[5]《建设工程质量检测管理办法》(2005 年 9 月建设部令第 141 号)

[6]《房屋建筑工程和市政基础设施工程实行见证取样和送检的规定》(2000 年 9 月建设部 建建〔2000〕211 号)

[7]《工程质量安全手册(试行)》(2018 年 9 月住房和城乡建设部 建质〔2018〕95 号)

[8]《住房城乡建设部关于开展工程质量管理标准化工作的通知》(2017 年 12 月住房和城乡建设部 建质〔2017〕242 号)

[9] 中华人民共和国国家标准. 建设工程监理规范 GB/T 50319-2013 [S]. 北京：中国建筑工业出版社，2013.

[10]《建设工程监理工作标准体系》(中建监协〔2019〕60 号)

[11] 中华人民共和国国家标准. 工程建设施工企业质量管理规范 GB/T 50430-2017 [S]. 北京：中国建筑工业出版社，2017.

[12] 中华人民共和国国家标准. 建筑工程施工质量验收统一标准 GB 50300-2013 [S]. 北京：中国建筑工业出版社，2013.

[13] 中华人民共和国国家标准. 建筑工程施工质量评价标准 GB/T 50375-2016 [S]. 北京：中国建筑工业出版社，2016.

[14] 中华人民共和国国家标准. 建设工程项目管理规范 GB/T 50326-2017 [S]. 北京：中国建筑工业出版社，2017.

# 第 2 章

# 工程实体质量控制标准化

# 2.1 地基与基础

## 2.1.1 坐标、轴线控制桩做法

（1）部位：施工现场坐标、轴线控制点。

（2）做法与要求：

1）首先设置基准点控制桩，建立以建设单位提供的控制点为基准的总控制网；

2）进行基准控制点（网）书面和现场交接，对建设单位提供的控制点测量成果资料和现场控制点（网）进行复测，并将复测结果报建设、监理单位审核；

3）根据总控制网基准点，采用外控法，在基坑外围设置建筑物轴线控制桩，并用红漆标出轴线；

4）所有控制桩均应选在通视条件良好、安全、易保护的地方；

5）控制桩位必须用混凝土保护，地面以上设醒目的围护栏杆，防止施工机具、车辆碰压。

（3）图示如图 2.1.1-1、图 2.1.1-2 所示。

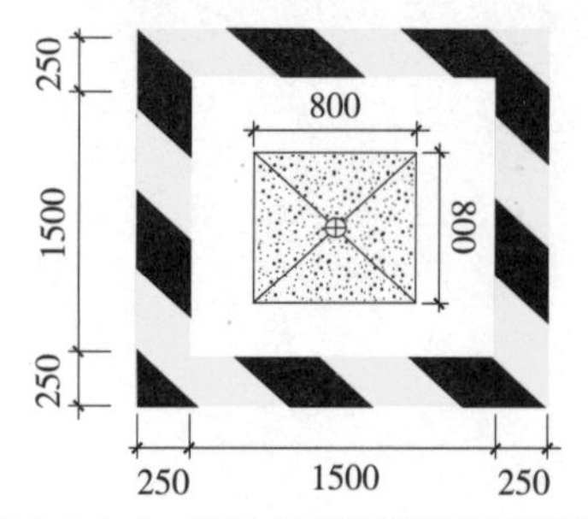

图 2.1.1-1　基准点或轴线控制桩平面图

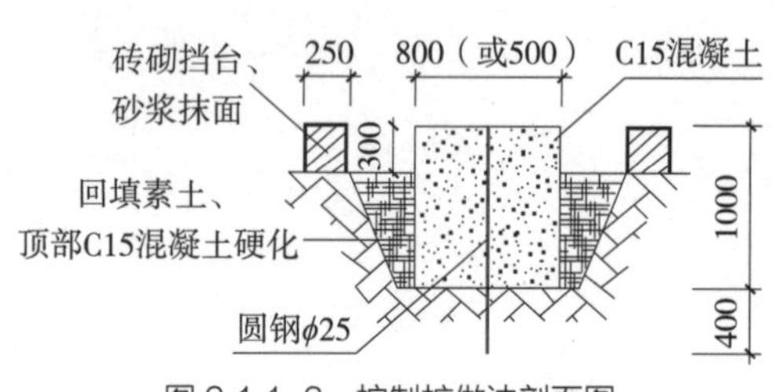

图 2.1.1-2　控制桩做法剖面图

## 2.1.2　桩基钢筋笼加工及堆放

（1）部位：钢筋笼加工现场。

（2）做法与要求：

1）钢筋笼加工需使用滚笼器或在专用胎具上制作，平顺度应符合设计和规范要求；

2）环形加劲箍平面必须与钢筋笼长度方向垂直、与纵向钢筋焊接；

3）钢筋笼上绑半径为 50mm 的圆形保护层垫块（采用 C20 细石混凝土预制，厚 50mm，中间预留直径 12mm 圆孔，内穿直径 10mm 圆钢与主筋点焊固定），每 2m 绕钢筋笼设一道，每道 4 个；

4）制作好的钢筋笼经检验合格后应牢固平整地放置于地面上，钢筋笼底部垫放木方，每 1m 一道。每个钢筋笼应单独悬挂标识牌，注明桩号、桩径、笼长、制作日期、验收人等信息。

（3）图示如图 2.1.2–1、图 2.1.2–2 所示。

图 2.1.2–1　桩基钢筋笼加工示意图

图 2.1.2–2　桩基钢筋笼及保护层垫块加工示意图

## 2.1.3　截桩头做法

（1）部位：灌注桩基，桩头部位。

（2）做法与要求：

1）计算好灌注桩伸入承台内的标高，在桩头作出标记，用切割机沿桩周的标记切割一圈，深度约 30mm（目的是尽量减少桩头破损）；

2）推荐使用人工全断面凿除法：用风镐（空压机）先将钢筋外侧的保护层混凝土凿除，将钢筋暴露，然后将钢筋笼内部的混凝土沿圆周进行局部剔凿（一般打入 3 个点），利用张力使上部的一段桩头与下部桩身脱离；

3）对于截断的桩头可以用吊车或塔吊吊出现场，但需注意桩头必须截断，保证所有钢筋均与桩头剥离；

4）截桩后，不允许机械进出桩基区域，以免破坏桩基钢筋。

（3）图示如图 2.1.3-1、图 2.1.3-2 所示。

图 2.1.3-1　截桩头做法 1

图 2.1.3-2　截桩头做法 2

## 2.1.4　桩头防水做法

（1）部位：桩基现场，桩头部位。

（2）做法与要求：

1）清除桩头表面浮土等杂质后，在桩顶以及桩周 150mm 范围内涂刷水泥基渗透结晶型涂料防水层；

2）桩周外露立面部分以及桩周 300mm 范围内涂刷 2mm 厚非固化沥青防水层过渡。

3）桩头的受力钢筋根部应采用遇水膨胀止水条。

4）整体防水卷材铺贴至桩四周平面，距桩身 10mm 处。

（3）图示如图 2.1.4-1、图 2.1.4-2 所示。

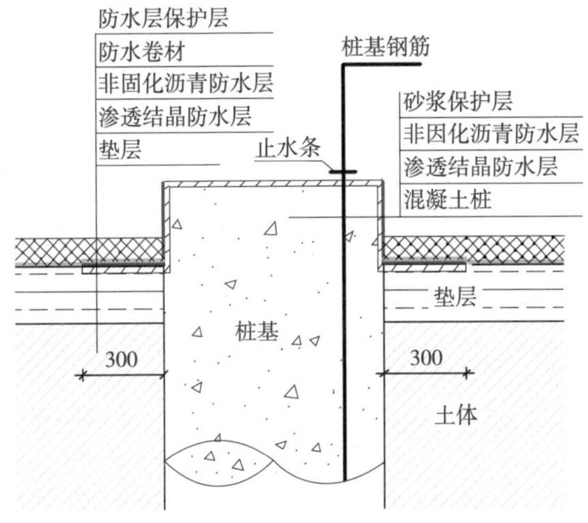


图 2.1.4-1　桩头防水大样图

图 2.1.4-2　桩头防水做法

## 2.1.5 地基钎探点的布点方式

（1）部位：地基钎探现场。

（2）做法与要求：

钎探孔布置要求见表 2.1.5-1

钎探孔布置要求　　表 2.1.5-1

| 基槽宽度（m） | 排列方式 | 检验深度（m） | 检验间距（m） |
|---|---|---|---|
| < 0.8 | 中心一排 | 1.2 | 1.0～1.5<br>视地层复杂情况定 |
| 0.8～2.0 | 两排错开 | 1.5 | |
| > 2.0 | 梅花型 | 2.1 | |

钎探完成后，采用砖临时覆盖钎探孔，然后统一采用中粗砂灌孔（每灌注 30cm 采用直径 16mm 圆钢捣实一次）。

（3）图示如图 2.1.5-1、图 2.1.5-2 所示。

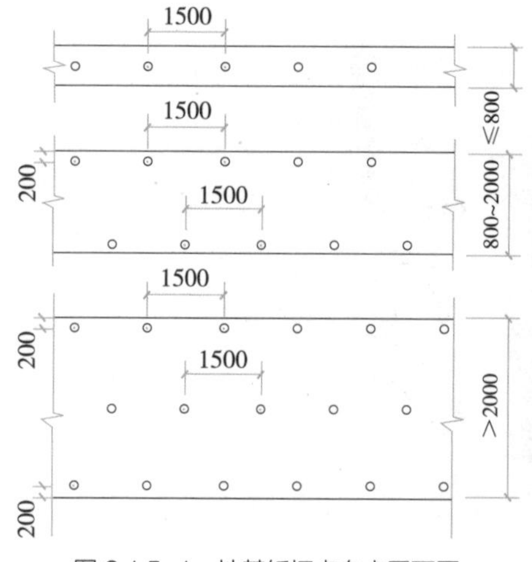


图 2.1.5-1　地基钎探点布点平面图

图 2.1.5-2　地基钎探点布置现场图

### 2.1.6　降水井回填处理措施

（1）部位：基础底板施工现场。

（2）做法与要求：

1）砂石回填至距降水井口 2000mm 位置；

2）将准备好的干海带塞进井管内，塞至距垫层 1000mm 位置；

3）干海带塞紧后，立即浇筑 C30 混凝土，至底板中井管标高；

4）将井管口部法兰拧紧，浇筑微膨胀混凝土，至底板顶标高。

（3）图示如图 2.1.6–1、图 2.1.6–2 所示。

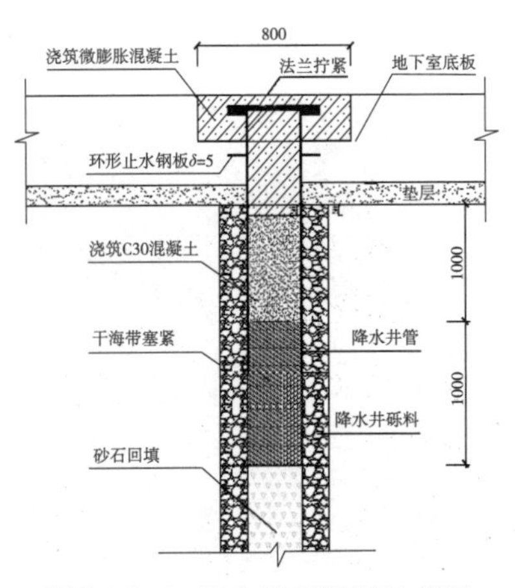


图 2.1.6–1　降水井回填处理大样图

图 2.1.6–2　降水井回填处理

### 2.1.7　抗浮锚杆防水节点处理措施

（1）部位：基础底板施工现场。

（2）做法与要求：

1）先施工垫层（留好锚杆位置），再施工抗浮锚杆。在抗浮锚杆孔内注满水泥砂浆，达到与垫层齐平，将其表面抹平压实；

2）在垫层上抹20mm厚1：2.5水泥砂浆找平层，在以锚杆为中心的半径250mm范围内抹成斜坡，底部与锚杆水泥砂浆相交，形成圆形凹陷区；

3）在圆形凹陷区内涂刷1.5mm厚JS防水涂料，三遍成活；

4）用液体卷材或非固化沥青将JS防水涂料上的凹陷区内填平；

5）防水卷材热熔粘贴，在锚杆钢筋外侧约10mm处收口；

6）用液体卷材或非固化沥青在以锚杆为中心的半径250mm范围内满涂5mm厚。

（3）图示如图2.1.7–1、图2.1.7–2所示。

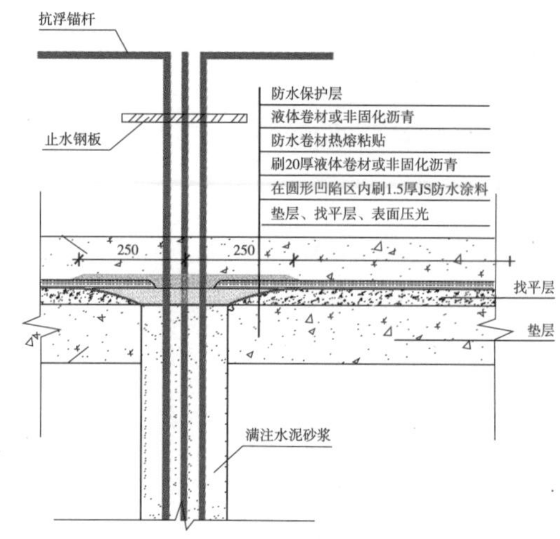


图2.1.7–1 抗浮锚杆防水节点处理大样图

图2.1.7–2 抗浮锚杆防水节点处理实景

## 2.1.8 地下室外墙穿墙螺杆做法

（1）部位：地下室外墙穿墙螺杆部位。

（2）做法与要求：

1）车库以及主楼 ±0.000 以下外墙采用一次性穿墙止水螺杆，螺杆两端采用锥形塑料垫块；

2）拆除模板后，剔除塑料垫块，螺杆从孔口最深处割断，用干硬性防水砂浆封堵、抹平；

3）螺杆眼位置，外刷三遍不同颜色聚氨酯防水涂料，涂刷直径10cm。

（3）图示如图2.1.8-1、图2.1.8-2所示。

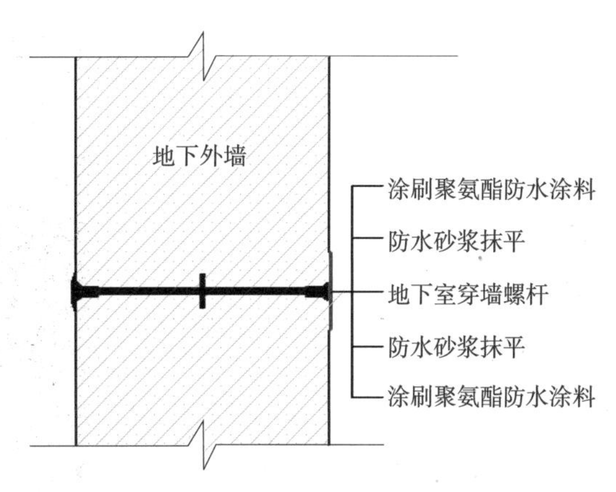


图2.1.8-1 地下室外墙穿墙螺杆做法大样图

图2.1.8-2 地下室外墙穿墙螺杆

## 2.1.9 混凝土基础墙止水钢板焊接做法

（1）部位：混凝土基础墙止水钢板。

（2）做法与要求：

1）止水钢板厚度不小于3mm，连接方式采取搭接四面焊接方式；

2）混凝土基础墙止水钢板，应设置在外墙中间，高度在地下筏板基础以上300mm处；外墙后浇带施工缝止水钢板，应设置在混凝土外墙中间，且沿竖向设置；

3）止水钢板位置确定好后，用墙体拉结筋临时上下夹紧固定，搭接长度不小于50mm。然后进行钢板接缝焊接，要求四面封闭性焊接，保证不渗漏；

4）为保证焊接质量，转角处止水钢板焊接宜在场外加工。

（3）图示如图2.1.9-1、图2.1.9-2所示。

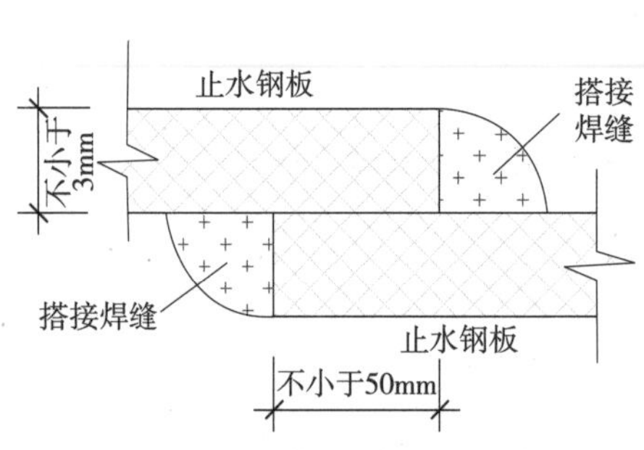


图 2.1.9-1　混凝土基础墙止水钢板焊接大样图

图 2.1.9-2　混凝土基础墙止水钢板焊接

## 2.1.10　基础底板后浇带混凝土拦截措施

（1）部位：基础底板后浇带混凝土。

本方法推荐用于后浇带厚度在 1.5m 以内筏板后浇带的做法使用。如厚度大于 1.5m，钢筋网片应进行施工设计。

（2）做法与要求：

1）后浇带采用单层“快易收口网”进行混凝土拦截，分上下两部分进行施工，中间由止水钢板进行分隔。立面焊接 Φ12@100 钢筋网，钢筋网上下与筏板上下排钢筋焊接，中间与止水钢板焊接；

2）上排筋上部用铁丝绑扎通长木方，下排钢筋与垫层间采用条状混凝土台拦截混凝土；

3）混凝土初凝时，须安排工人对后浇带内混凝土残渣进行清理。

（3）图示如图 2.1.10-1、图 2.1.10-2 所示。

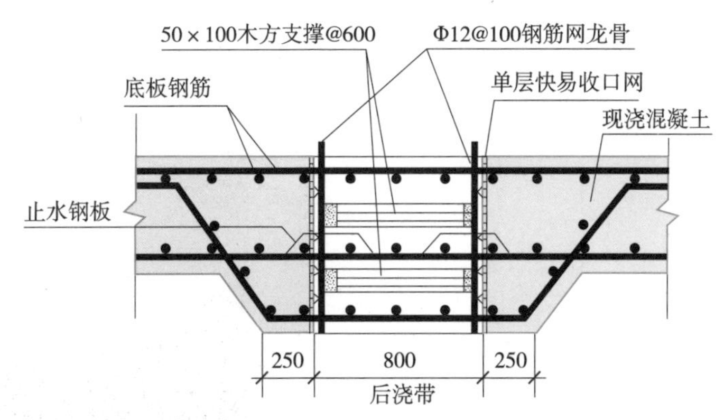


图 2.1.10-1 基础底板后浇带混凝土拦截措施剖面图

图 2.1.10-2 基础底板后浇带混凝土拦截措施现场图

## 2.1.11 车库顶板与竖向墙体施工缝处止水做法

（1）部位：车库顶板与竖向墙体施工缝处。

本节点适用于车库顶板与各类竖向构件的根部施工缝。此部位属于地下结构，施工缝位置应设置止水钢板。

（2）做法与要求：

1）止水钢板中心高度高出车库顶板 300mm，弯折部分折向迎水面。

2）在迎水面水平施工缝位置涂刷 2mm 厚涂膜防水加强层。

（3）图示如图 2.1.11-1、图 2.1.11-2 所示。

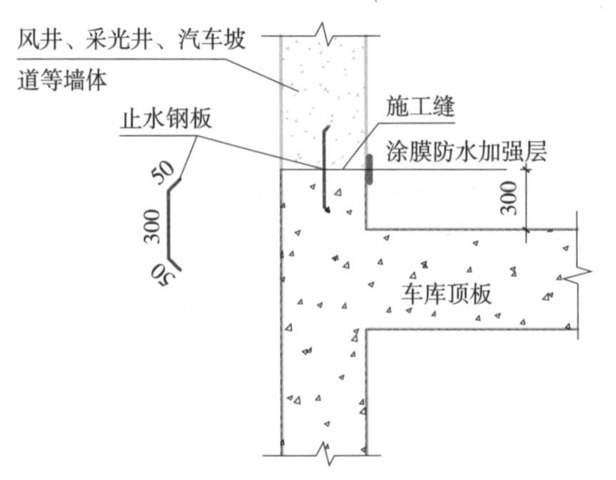

图 2.1.11-1 车库顶板与竖向墙体施工缝处止水做法竖向剖面图

图 2.1.11-2 车库顶板与竖向墙体施工缝处未加止水钢板出现渗漏水

## 2.1.12 电梯井基坑降排水做法

（1）部位：电梯井基坑部位。

（2）做法与要求：

1）电梯井基坑开挖时，一般按照施工图纸要求的标高超挖 30～40cm；在基坑外 2～3m 范围内开挖集水坑和排水沟，集水坑深度应大于电梯井基坑 40cm；

2）在电梯井基坑底部和排水沟槽内，满铺约 200～300mm 厚石子作为滤水层。将直径 400mm 的 PE 管沉于集水坑内，PE 管的入水部位适当钻孔并包裹密目网（三层），四周用石子回填。配以适当功率的排污泵或自吸泵持续抽水，通过观察石子垫层上部无明显积水，来测试排水效果；

3）在滤水层上铺设棉毡（两层），并浇筑 5cm 细石混凝土保护层至集水坑垫层标高，待混凝土凝固后铺设塑料薄膜防潮层（两层），并按照图纸要求浇筑垫层；

4）集水坑的回填应与电梯井砖侧模砌筑同步。待地库筏板垫层准备浇筑前，将集水坑 PE 管周围回填至设计标高，并将 PE 管根据筏板垫层底标高裁平，根据水量留设自吸泵管根数，并从筏板垫层底部引致地库筏板外适当位置，然后采用自吸泵排水，待电梯井底板混凝土达到设计强度后，撤销排水设备。

（3）图示如图 2.1.12–1、图 2.1.12–2 所示。

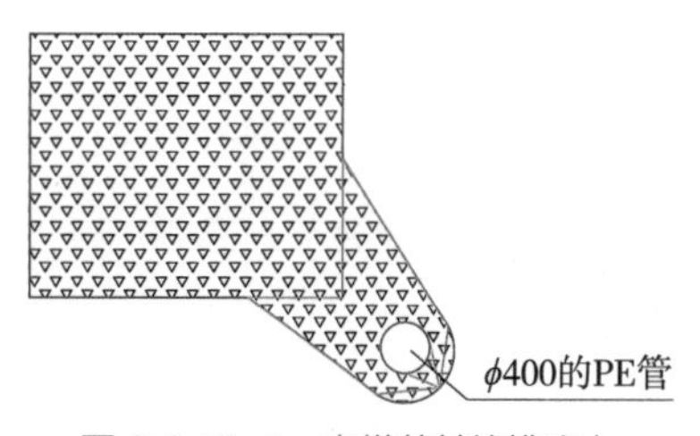


图 2.1.12–1　电梯井基坑排降水示意图（集水坑垫层平面图）

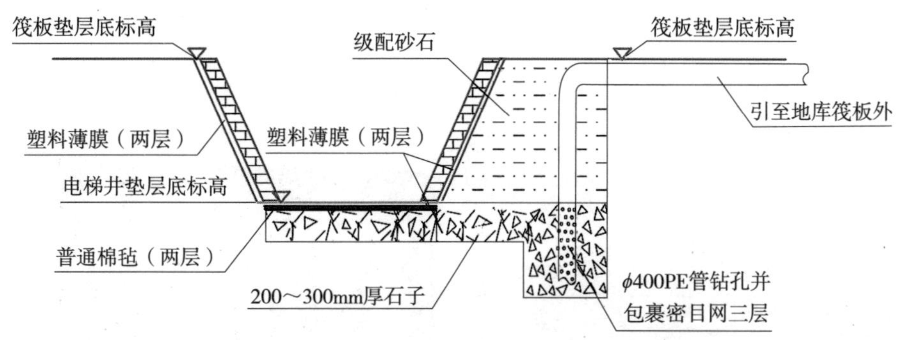


图 2.1.12–2　电梯井基坑排降水示意图（集水坑剖面图）

# 2.2　主体结构

## 2.2.1　钢筋直螺纹加工做法

（1）部位：钢筋制作。

（2）做法与要求：

1）钢筋加工前用砂轮切割机切割，切口端面平整且与轴线垂直；

2）螺纹加工：将待加工的钢筋夹持在夹钳上，开动滚丝机（或剥肋滚丝机），扳动给进装置，使动力头向前移动，开始滚丝（或剥肋滚丝），待滚轧到调整位置后，设备自动停机并反转，将钢筋退出滚轧装置。扳动给进装置将动力头复位停机，螺纹即加工完成；

3）质量检验：丝头加工长度为标准型套筒长度的1/2，其公差为+2$P$（$P$为螺距）。操作人员应对加工成型的钢筋丝头进行检验，检验合格后，再用专用的钢筋丝头保护帽或者连接套筒对钢筋进行保护。对达到合格标准的，按不同规格分类堆放整齐。

（3）图示如图2.2.1-1、图2.2.1-2所示。

图2.2.1-1　钢筋直螺纹加工前切割

图2.2.1-2　钢筋直螺纹加工后

## 2.2.2　钢筋电渣压力焊接点

（1）部位：钢筋焊接。

（2）做法与要求：

1）电焊工须持证上岗；

2）钢筋轴线无偏移，钢筋无弯折；

3）焊接不得出现咬边、未焊合现象。焊包均匀，无气孔、烧伤和焊包下淌。四周焊包凸出钢筋表面的高度应不小于4mm；

4）接头处弯折角不得大于 4°。接头处的轴线偏移不得大于钢筋直径的 0.1 倍，且不得大于 2mm。

（3）图示如图 2.2.2–1、图 2.2.2–2 所示。

图 2.2.2–1　钢筋电渣压力焊不合格焊接点

图 2.2.2–2　钢筋电渣压力焊合格焊接点

## 2.2.3　钢筋直螺纹连接做法

（1）部位：钢筋连接。

（2）做法与要求：

1）现场连接前，保证钢筋规格和套筒规格一致。将待安装的钢筋端部的塑料保护帽拧下来露出丝口，并将丝口上的水泥浆等污染物清理干净，完好无损；

2）现场连接施工时，应使用管钳和力矩扳手同时操作，将两个钢筋丝头在套筒中央位置相互顶紧；

3）检查连接丝头定位标色并用管钳旋合顶紧。连接完毕后，标准型接头连接套筒外应有外露螺纹，且连接套筒单边外露有效螺纹大于 $1P$，但不大于 $2P$；

工程中使用钢筋机械接头时，应由该技术提供单位提交有效的型式检验报告。钢筋连接工程开始前，应对不同钢筋生产厂的进场钢筋进行接头工艺检验。

施工过程更换钢筋生产厂家时，应补充进行工艺检验。现场检验按规范要求进行。

（3）图示如图 2.2.3–1、图 2.2.3–2 所示。

图 2.2.3-1　钢筋直螺纹连接节点

图 2.2.3-2　钢筋直螺纹连接

## 2.2.4　楼板钢筋网辅助马道做法

（1）部位：钢筋施工现场。

（2）做法与要求：

1）根据钢筋网上下层厚度制作定型化钢制马道，放置于钢筋网绑扎施工现场，以避免施工时人为踩塌钢筋；

2）钢制马道应高出钢筋网面 10cm 左右。梁板钢筋绑扎完一段，放置一段马道；也可根据楼梯斜度制作定型化钢制楼梯，固定牢固，既防止踩踏钢筋，又方便工人和检查人员上下通行。

（3）图示如图 2.2.4–1、图 2.2.4–2 所示。

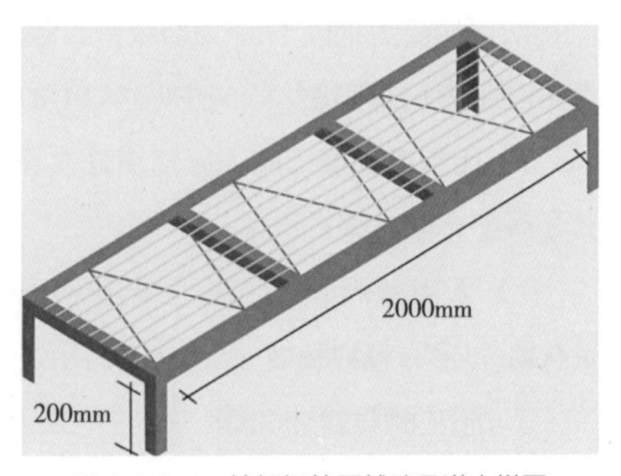


图 2.2.4-1　楼板钢筋网辅助马道大样图

图 2.2.4-2　楼板钢筋网辅助马道

## 2.2.5　悬挑板受力钢筋保护层控制措施

（1）部位：钢筋施工现场。

悬挑板、阳台雨篷因受力钢筋在上部，呈悬浮状态，工人操作势必要在上面踩踏，使受力钢筋塌陷而失去抗拉作用，导致后期发生质量事故。因此，在悬挑部位的受力钢筋下面设置马凳，保证受力钢筋不至于塌陷非常重要。

（2）做法与要求：

1）用钢筋焊制“工”字形马凳，在编制钢筋网前从梁边 200mm 处开始布设，间距不超过 400mm；

2）采用塑料成品马凳，在编制钢筋网时均匀布置，一般为 400mm × 400mm 矩形布置或梅花状布置；

3）施工时应避免踩踏，以防造成马凳及上排钢筋产生变形。

（3）图示如图 2.2.5-1、图 2.2.5-2 所示。

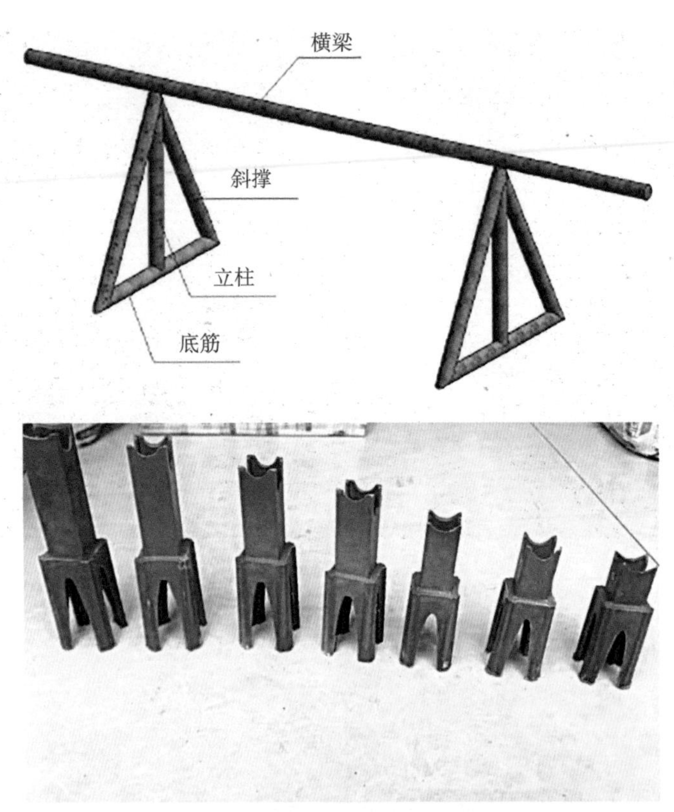


图 2.2.5-1　悬挑板受力钢筋保护层控制配件

图 2.2.5-2　悬挑板受力钢筋保护层控制布置

## 2.2.6　高低差混凝土浇筑用定型钢模做法

（1）部位：厨卫间、阳台等地面混凝土梁板面高低差处。

本做法适用于厨房、卫生间、阳台混凝土板与梁高低差部位，用方钢管（以下简称“方管”）制作钢模进行阻隔后，浇筑成规整的、两个不同标高的混凝土界面。

方管钢模由 50mm × 30mm 方管焊制成矩形，外围尺寸同厨房、卫生间、阳台地面结构几何尺寸。

（2）做法与要求：

1）板筋绑扎到位后，首先在放置方管的部位焊制 H 形马凳（与钢筋网点焊固定，间距不超过 1m），然后把方管卡在 H 形马凳上。注意：H 形马凳中间横筋上表面，即为混凝土板浇筑完成面标高；

2）方管钢模安装前须清理表面混凝土残渣，涂刷隔离剂并干燥。安装时，定位要准确，固定要牢固；

3）待混凝土强度满足要求后拆模。拆模时，禁止用撬棍硬拆，以免损坏钢模阳角或造成变形，一并将 H 形马凳外露端用切割锯切除。

（3）图示如图 2.2.6–1、图 2.2.6–2 所示。

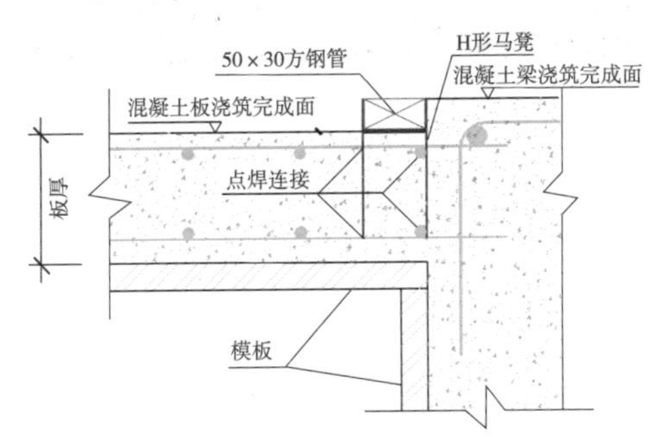


图 2.2.6–1　高低差混凝土浇筑用定型钢模做法剖面图

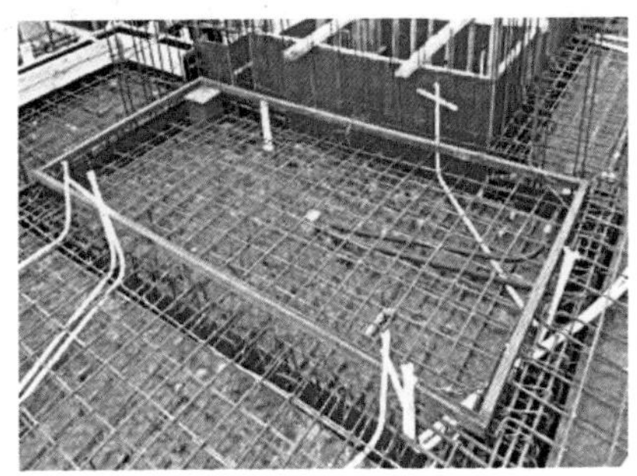

图 2.2.6–2　高低差混凝土浇筑用定型钢模布置

## 2.2.7 标准层梁板后浇带模板清扫口做法

（1）部位：梁板后浇带模板工程。

梁板后浇带模板一般采用独立支撑体系，后浇带混凝土浇筑前通常不拆除，保留时间较长，形成的残渣垃圾不易清理，对下一步浇筑混凝土的质量带来影响。因此，如果在支模时直接利用底模留置成活动清扫口，将有效解决这一问题。

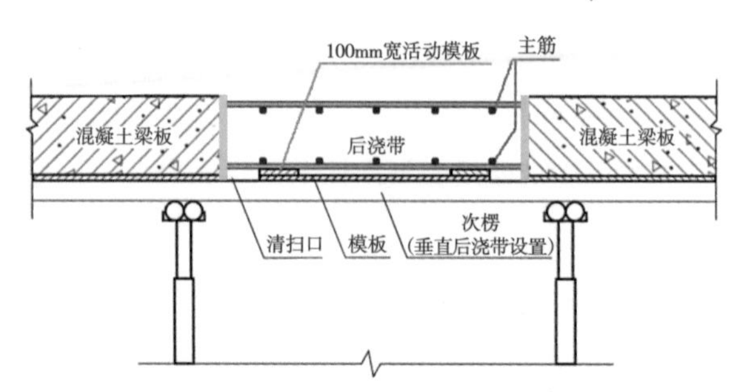


图 2.2.7-1 标准层梁板后浇带模板清扫口做法剖面图

图 2.2.7-2 标准层梁板后浇带模板清扫口做法布置

（2）做法与要求：

1）后浇带支底模时，在后浇带底模两侧沿长度方向各留置一条宽100mm的活动模板，临时放置在后浇带中间模板上，形成“清扫口”；

2）混凝土浇筑前，把残渣垃圾顺“清扫口”扫除干净。然后，再将活动模板移至“清扫口”内，用铁钉固定好，恢复底模的完整功能。

（3）图示如图 2.2.7-1、图 2.2.7-2 所示。

## 2.2.8　楼板后浇带模架体系

（1）部位：梁板后浇带模板工程。

（2）做法与要求：

1）后浇带处模板宽度要大于后浇带宽度，每侧不少于 200mm。后浇带两侧模板的龙骨不得在后浇带模板底部插接；

2）模架拆除时，留设平行于后浇带方向的水平杆不予拆除，垂直于后浇带方向的水平杆换用短杆重新连接；

3）模架体系支设完成后，后浇带区域内的架体刷涂不同颜色警示，避免误拆除。

（3）图示如图 2.2.8-1、图 2.2.8-2 所示。

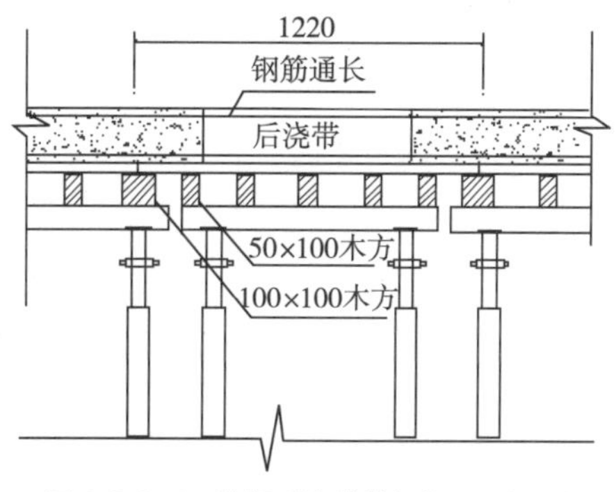


图 2.2.8-1　楼板后浇带模架体系局部大样

图 2.2.8-2　楼板后浇带模架体系

## 2.2.9 混凝土模板下口防漏浆措施

（1）部位：混凝土模板工程。

（2）做法与要求：

1）楼层所有柱模、墙模下口，都应依据柱、墙尺寸配不同规格的角钢；

2）每栋楼体至少配两套角钢（地下室和主体应各一套）；

3）支设模板时，将∟50mm×50mm角钢与模板一同进行支设加固；

4）角钢下部贴宽度不小于25mm、厚度不小于2.5mm的海绵胶条，以增强角钢底部的密封性。

（3）图示如图2.2.9–1、图2.2.9–2所示。

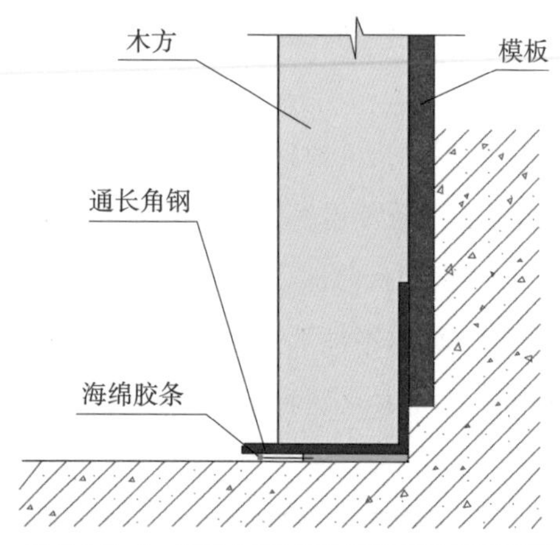


图2.2.9–1 混凝土模板下口防漏浆措施剖面图

图2.2.9–2 混凝土模板下口防漏浆措施现场图

## 2.2.10 上下层新旧竖向构件接槎处模板加固做法

（1）部位：混凝土模板工程。

（2）做法与要求：

1）配模时，外侧竖向模板下翻至下层最上面螺杆孔处，利用下层螺栓将模板下口加固锁死，并在下层成型混凝土接槎外侧贴海绵胶条，防止漏浆；

2）每次浇筑混凝土时，其上口成型尺寸和方正程度必须保证质量要求，否则将影响接槎处下一次施工时的加固效果，仍可能存在漏浆现象。浇筑混凝土时，要由专人对模板进行校核，一旦发生变形，必须立即调整恢复。

（3）图示如图 2.2.10–1、图 2.2.10–2 所示。

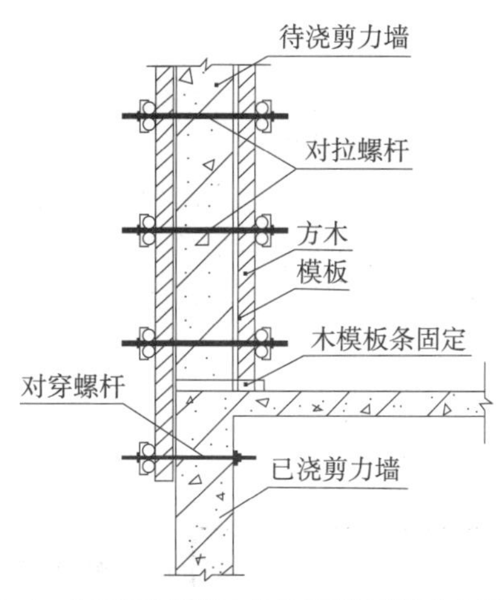


图 2.2.10-1　上下层新旧竖向构件接槎处模板加固做法大样图

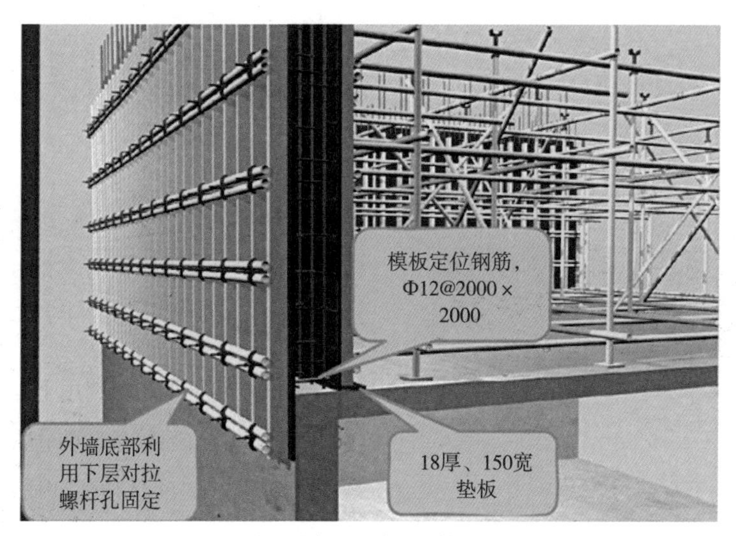


图 2.2.10-2　上下层新旧竖向构件接槎处模板加固做法

## 2.2.11 钢板预埋件固定方法

（1）部位：混凝土模板工程。

（2）做法与要求：

1）预埋件制作：在预埋件钢板上开两个直径5mm的圆孔，两孔居中布置，距上下、左右各30mm。用2根长10cm的钢筋与钢板呈垂直焊接；

2）预埋件在模板上的安装：待墙体钢筋绑扎完成后，按照砌筑排版图在模板上标出需预埋钢板的位置，用直径4mm的钢钉通过钢板孔穿出，钉在模板上（有钢筋头的一侧朝向墙体钢筋），防止钢板偏位。

（3）图示如图2.2.11-1、图2.2.11-2所示。

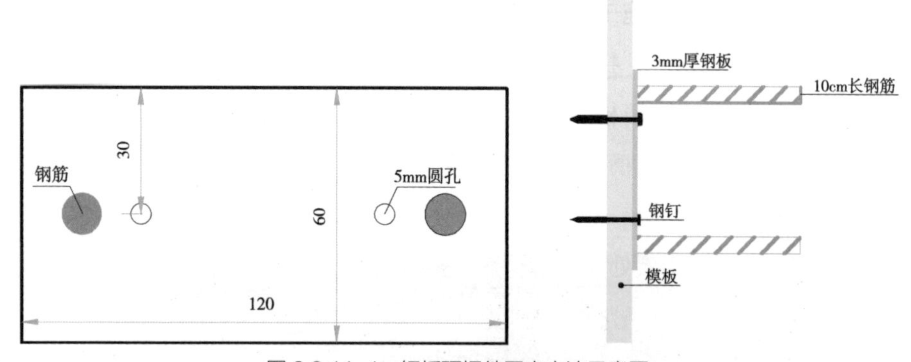


图 2.2.11-1　钢板预埋件固定方法示意图

图 2.2.11-2　钢板预埋件固定方法现场图

## 2.2.12　楼梯模板安装与清扫口设置

（1）部位：楼梯混凝土模板工程。

（2）做法与要求：

1）楼梯踏步侧模板宽应等于楼梯踏步高加梯段板的厚度，长度按梯段长度确定。制作时，根据楼梯踏步尺寸在模板上放样，制成锯齿形，每个锯齿两直角边分别为踏步的高和宽。采用木制梯段模板时，每一梯段配置一块反三角木作为踏步立面次龙骨。楼梯按楼层标高一次性支设；

2）混凝土浇筑时施工缝应留置在跨中 1/3 处，找准钢筋位置在施工缝挡板上划线打点、对应开槽，让钢筋穿过；

3）施工缝位置底板处，采用活动式“可抽板条”（板条宽 100～250mm 左右，浇筑混凝土前放置于旁边的模板上）。二次浇筑前，将混凝土接口处残渣垃圾全部冲扫干净后，再插上“可抽板条”加固钉牢，然后进行浇筑混凝土施工。

（3）图示如图 2.2.12-1、图 2.2.12-2 所示。

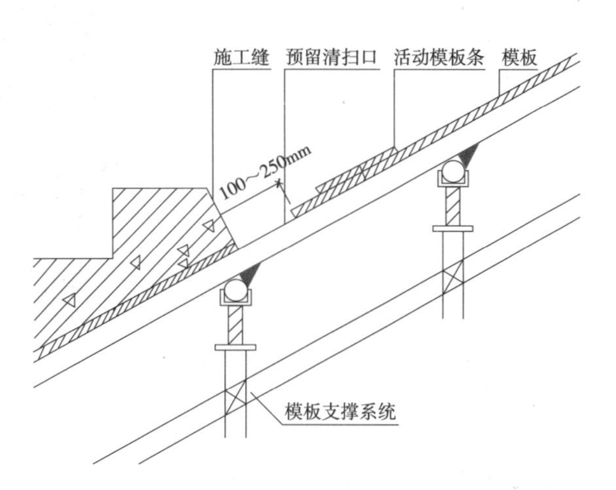


图 2.2.12-1　楼梯模板安装与清扫口设置剖面图

图 2.2.12-2　楼梯模板安装与清扫口设置现场图

## 2.2.13 模板涂刷隔离剂做法

（1）部位：混凝土模板工程。

（2）做法与要求：

1）混凝土模板刷隔离剂之前，须将模板表面清理干净，不能有混凝土残渣。隔离剂不能采用废机油代替，否则会污染混凝土；

2）隔离剂涂刷要均匀，不能存在漏刷或刷浆过厚的现象；

3）浇筑时保证振捣棒不碰到隔离剂。

（3）图示如图 2.2.13–1、图 2.2.13–2 所示。

图 2.2.13-1 模板涂刷隔离剂 1

图 2.2.13-2 模板涂刷隔离剂 2

## 2.2.14　混凝土养护做法

（1）部位：混凝土工程。

（2）做法与要求：

1）常温下，普通混凝土养护时间不低于 7d，抗渗混凝土和大体积混凝土不少于 14d；

2）冬期施工无法浇水，竖向构件除包裹薄膜以外，还需采取保温措施。如混凝土柱应包裹毛毡、混凝土墙挂设挡风棉被等。当外墙外立面不易操作时，应涂刷养护液养护。

（3）图示如图 2.2.14–1、图 2.2.14–2 所示。

图 2.2.14-1　混凝土养护 1

图 2.2.14-2　混凝土养护 2

## 2.2.15 混凝土施工缝凿毛处理做法

（1）部位：混凝土施工缝、后浇带。

（2）做法与要求：

1）施工缝部位混凝土达到设计强度 50% 以上时将其剔凿掉。剔凿出毛糙面的混凝土施工缝，对于部分筏板较薄、止水钢板下部无法凿毛的部分，采用“单层收口网”进行拦灰，以防出现混凝土浇筑不密实现象；

2）墙柱施工缝凿毛，要凿除混凝土表面浮浆和松动石子，露出混凝土内石子粒径不少于 1/3；

3）施工缝凿毛后应用清水冲洗干净，混凝土浇筑前不得有积水。

（3）图示如图 2.2.15-1、图 2.2.15-2 所示。

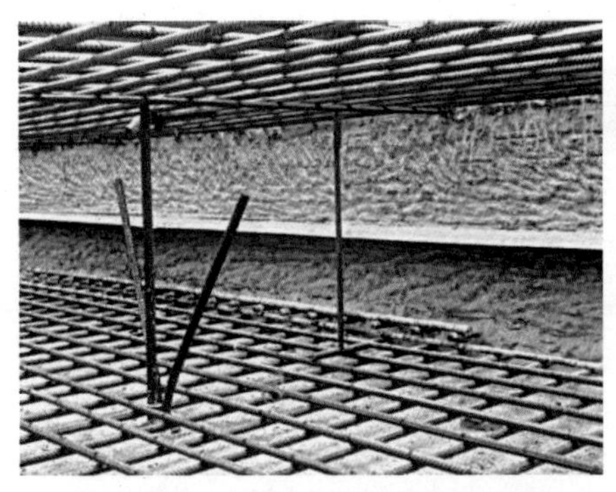

图 2.2.15-1 混凝土施工缝凿毛处理 1

图 2.2.15-2 混凝土施工缝凿毛处理 2

## 2.2.16 梁柱核心区不同强度等级混凝土构件的浇筑做法

（1）部位：现浇混凝土工程。

（2）做法与要求：

1）当柱、墙（竖向构件）混凝土设计强度比梁、板（横向构件）混凝土设计强度高一个等级时，在柱、墙位置梁、板高度范围内的混凝土，经设计单位确认，可采用与梁、板混凝土设计强度等级相同的混凝土进行浇筑；

2）当柱、墙（竖向构件）混凝土设计强度比梁、板（横向构件混凝土设计强度高两个等级及以上时，应在交界区域采取分隔措施；分隔位置应在低强度等级的构件中，且距高强度等级构件边缘不应小于 500mm；

3）混凝土施工时，确保先浇筑高强度等级混凝土，后浇筑低强度等级混凝土。同时，要控制好混凝土的初凝时间，保证混凝土的充分结合，避免“冷缝”的产生；

4）放置“收口网”时，“收口网”应斜向 45° 设置，确保“收口网”边缘固定牢靠，防止低强度等级混凝土流入高强度混凝土部位。

（3）图示如图 2.2.16–1、图 2.2.16–2 所示。

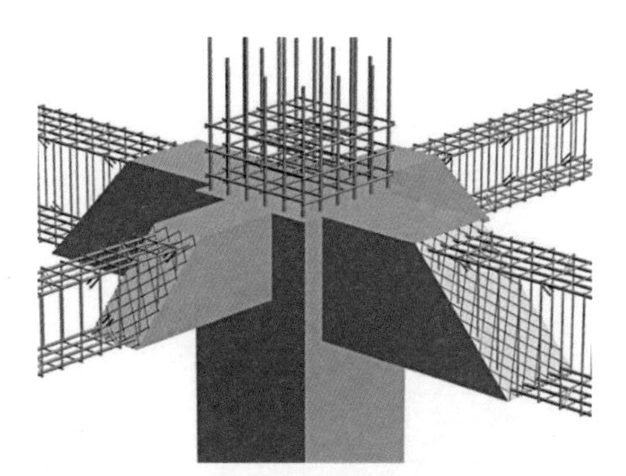

图 2.2.16-1　梁柱核心区不同强度等级混凝土构件的浇筑示意图

图 2.2.16-2　梁柱核心区不同强度等级混凝土构件的浇筑现场图

## 2.2.17　二次结构构造柱浇筑进料口做法

（1）部位：二次结构构造柱。

（2）做法与要求：

1）构造柱模板顶端一侧做成漏斗状进料口；

2）混凝土浇筑预留口高度 200mm，宽同构造柱宽度，漏斗斜面与竖直模板之间夹角为 45°，漏斗上口高于构造柱顶端结构梁底；

3）拆模后剔凿并用砂浆找平。

（3）图示如图 2.2.17-1、图 2.2.17-2 所示。

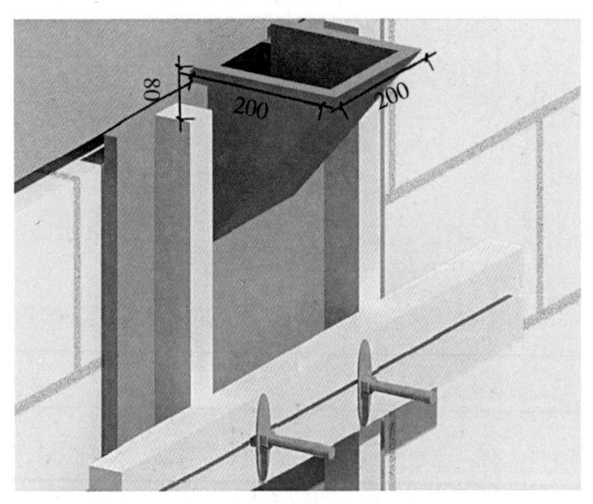


图 2.2.17-1　二次结构构造柱浇筑进料口做法示意图

图 2.2.17-2　二次结构构造柱浇筑进料口做法现场图

## 2.2.18　二次结构构造柱马牙槎做法

（1）部位：二次结构构造马牙槎部位。

（2）做法与要求：

1）构造柱马牙槎从柱脚开始，遵循“先退后进”的原则，保证柱脚为较大断面；

2）马牙槎齿深 60mm，并将每个齿上口做 45° 斜槎，斜槎高 60mm、宽度同齿深；

3）构造柱模板支设前，沿马牙槎边缘粘 10mm × 20mm 海绵胶条，防止漏浆；

4）模板加固采用穿墙螺杆，竖向间距应不大于 600mm。

（3）图示如图 2.2.18–1、图 2.2.18–2 所示。

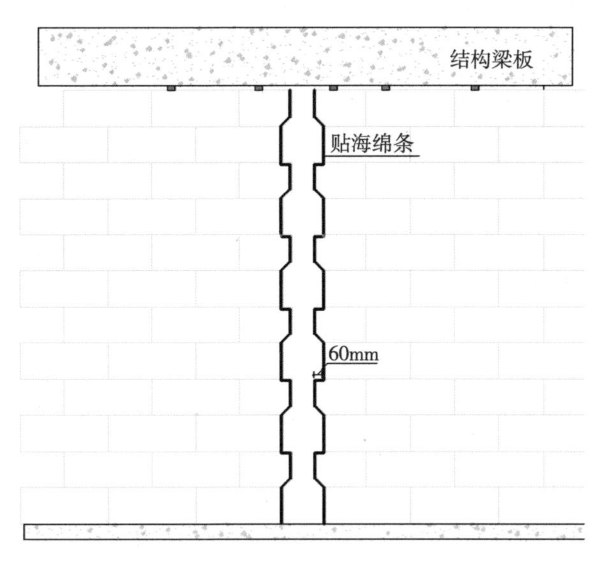


图 2.2.18-1　二次结构构造柱马牙槎做法大样图

图 2.2.18-2　二次结构构造柱马牙槎做法

## 2.2.19 配电箱过梁 C 字形做法

（1）部位：配电箱过梁部位。

（2）做法与要求：

1）过梁预留凹槽宽度，为底部配电箱箱体宽度；

2）过梁配筋具体参照设计文件，凹槽位置钢筋不予断开，采取弯折绕行方式；

3）凹槽深度建议留置深度为 80mm，为避免角部应力集中，凹槽建议设置成 135° 斜角形式；

4）过梁一般采用细石混凝土预制成型，墙体砌筑时直接安装成型；

5）过梁总长度为配电箱宽度加每侧宽出预留洞口 250mm。

（3）图示如图 2.2.19–1、图 2.2.19–2 所示。

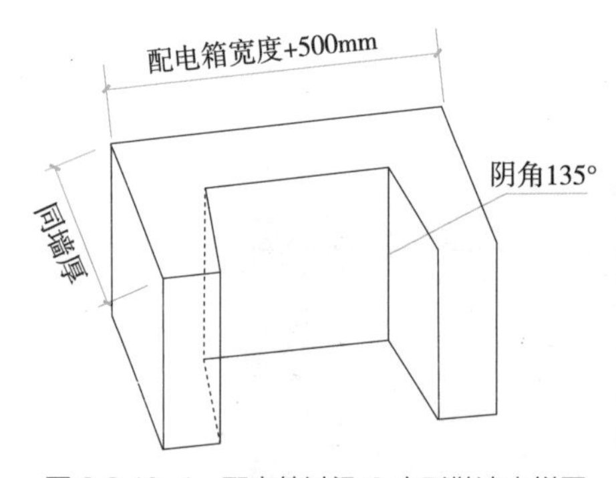


图 2.2.19–1 配电箱过梁 C 字形做法大样图

图 2.2.19–2 配电箱过梁 C 字形做法

## 2.2.20 集装箱标养室

（1）部位：集装箱标养室。

（2）做法与要求：

1）集装箱标养室灯具采用防爆灯具，提前甩出航空插头接头与水源接口；

2）标养室考虑二维码应用；

3）集装箱标养室易设置在施工现场，便于试块制作。

（3）图示如图 2.2.20 所示。

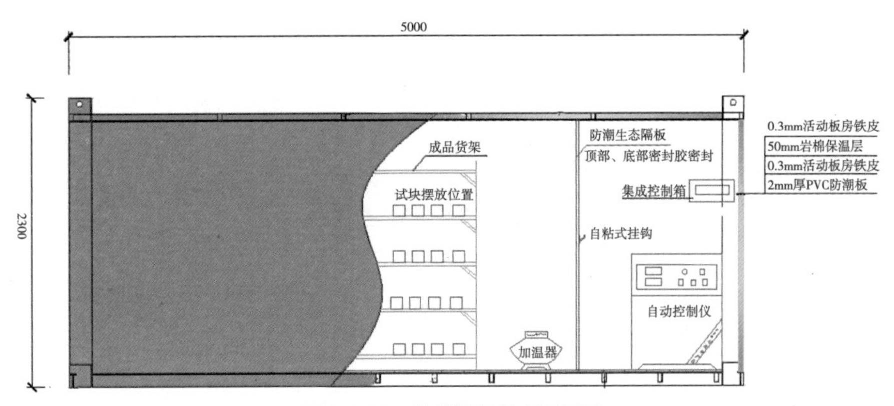


图 2.2.20 集装箱标养室断面图

## 2.2.21 同条件养护试块笼

（1）部位：同条件养护试块笼。

（2）做法与要求：

1）同条件养护试块笼采用 $\phi$10mm@50 钢筋焊接，顶面盖板可开启；

2）钢筋笼尺寸为 360mm × 150mm × 150mm，钢筋笼制作完成后涂刷红白相间防锈漆；

3）宽度方向两侧焊接∟ 30 × 3mm 角钢，采用 M6 × 60 膨胀螺栓固定于楼板上，上盖设置挂锁；

4）钢筋笼正立面与顶面设置标识牌，采用铁皮焊接于钢筋笼上，分别注明“同条件试块，严禁移动”和“试块信息”。

（3）图示如图 2.2.21 所示。

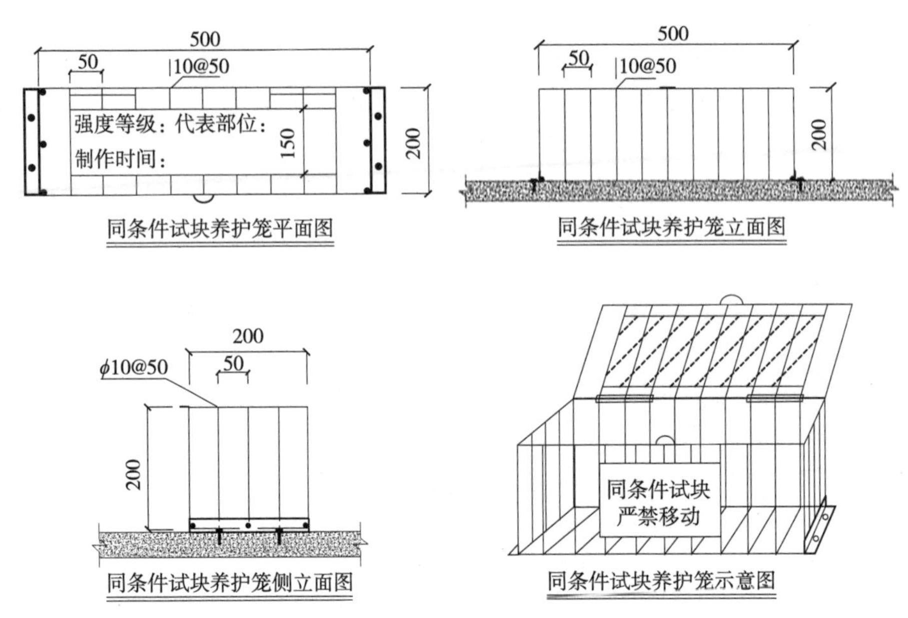


图 2.2.21　同条件养护试块笼示意图

# 2.3　屋面工程

## 2.3.1　屋面平立面交接处圆弧角做法

（1）部位：屋面平立面交接部位。

（2）基本要求：

1）女儿墙、出屋面机房、楼梯间等墙立面水泥砂浆抹灰应与根部圆弧倒角连续作业，一次成型，倒角半径 $R$=100mm；

2）倒角圆弧水平完成边线距离女儿墙阴角 100mm；

3）在水平面与圆弧切点 100mm 处，即距女儿墙大立面 200mm 处做分仓缝。

（3）图示如图 2.3.1–1、图 2.3.1–2 所示。

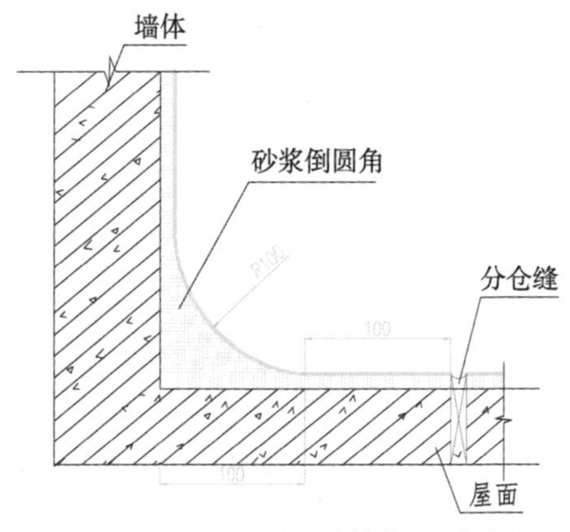


图 2.3.1–1　屋面平立面交接处圆弧角做法剖面图

图 2.3.1–2　屋面平立面交接处圆弧角做法现场图

## 2.3.2　屋面暗设排气孔布设方法

（1）部位：屋面排气孔部位。

（2）做法与要求：

1）对屋面排气系统中纵横向水平排气管分别进行测量放线，同一方向相邻两道水平排气管间距不大于 6m；

2）女儿墙施工时，在相应位置绑扎固定好竖向排气管，排气管上下两端均连接直接弯头，方便与水平排气管连接；

3）按照测量放线位置将水平排气管敷设于找坡层内，水平排气管布设排气孔。为防止圆孔被堵塞，可在排气孔外缠绕一层密目网；

4）将水平排气管的两端与相对应的竖向排气管通过直角弯头密封连接。女儿墙排气孔处做好防水处理，防水层高度不低于屋面完成面 300 mm。为防止雨水等流入竖向排气管，在竖向排气管的排气口处密封连接直角弯头，使出气口向下。

（3）图示如图 2.3.2–1、图 2.3.2–2 所示。

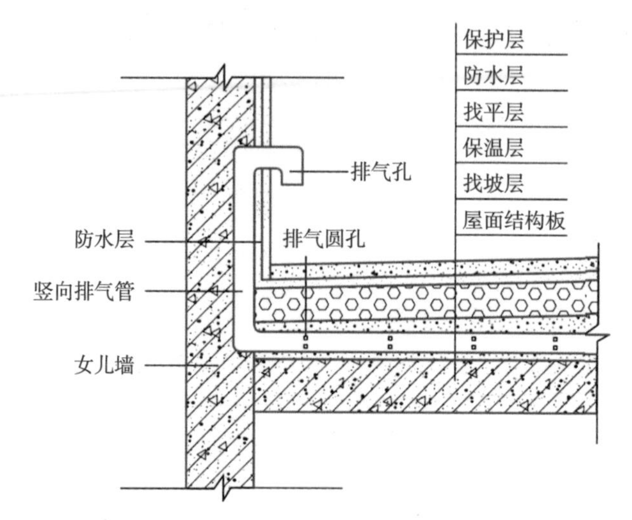


图 2.3.2–1　屋面暗设排气孔布设剖面图

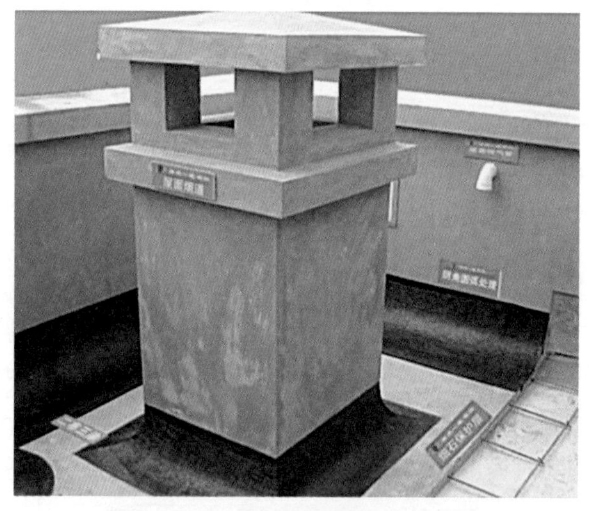

图 2.3.2–2　屋面暗设排气孔布设现场图

## 2.3.3　无套管管道穿楼板防渗漏做法

（1）部位：屋面无套管管道穿楼板部位。

此做法用于屋面楼板洞口穿管完成后，处理管周围渗漏问题的做法。

（2）做法与要求：

1）板底吊模施工前，先将预留洞口周边进行凿毛处理，并将管道保护膜撕除干净；

2）管周围封堵分两次进行。第一次封堵采用膨胀细石混凝土填实至 2/3 板厚处，管道与洞口空隙小于 3cm 时采用防水砂浆封堵。第一次封堵后，进行第一次试水，试水无渗漏后，方可进行第二次封堵；

3）第二次封堵采用膨胀细石混凝土将洞口 1/3 板厚填平。之后，在表面涂刷 2mm 厚聚氨酯加强层，要求涂刷超出洞口半径 100mm。

（3）图示如图 2.3.3–1、图 2.3.3–2 所示。

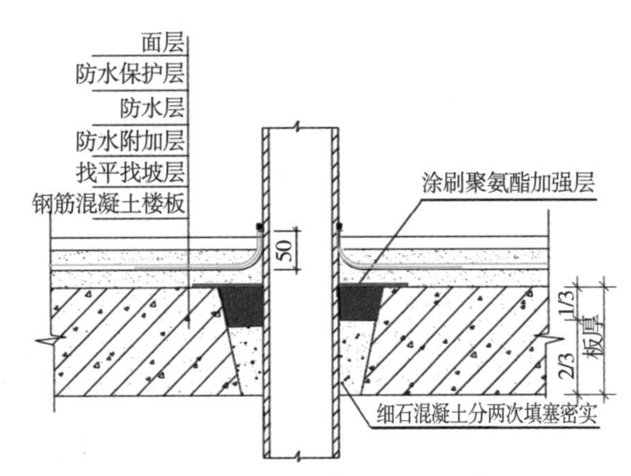


图 2.3.3–1　无套管管道穿楼板防渗漏做法剖面图

图 2.3.3–2　无套管管道穿楼板防渗漏做法现场图

## 2.3.4 屋面水簸箕做法

（1）部位：屋面排水部位。

（2）做法与要求：

1）水簸箕宜选用石材或块料面砖制作，可现场制作也可购买成品；

2）水簸箕底板宜内高外低，并与水落口中心对应，底板距离水落口垂直高度不应小于 150mm, 宜为 150～200mm；

3）水簸箕造型应美观、协调，粘结牢固，胶缝均匀顺直。

（3）图示如图 2.3.4-1、图 2.3.4-2 所示。

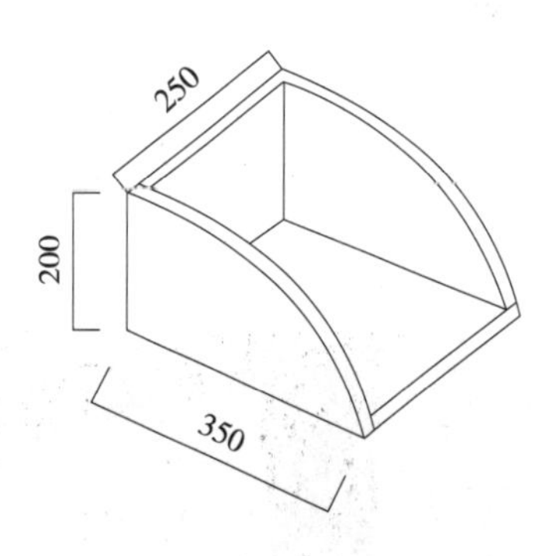


图 2.3.4-1　屋面水簸箕大样图

图 2.3.4-2　屋面水簸箕现场图

## 2.3.5 屋面附属过桥做法

（1）部位：屋面附属设施。

在屋面的横向管道、变形缝隔墙等部位架设“过桥”，便于保护管道和日常维护人员翻越。

（2）做法与要求：

1）屋面管道、变形缝隔墙过桥，可采用花纹钢板、不锈钢板制作，也可现场砌筑或现浇混凝土贴石材、面砖等形式；

2）踏步高宜为 150mm，宽为 250～300mm，过桥宽度不小于 0.9m，可踏面平整、高宽一致，且应有防滑措施；

3）过桥高度大于 0.8m 或大于 3 步时，两侧应加设护栏，护栏高度不低于 0.9m；

4）所有钢制过桥应进行防雷接地。

（3）图示如图 2.3.5-1、图 2.3.5-2 所示。

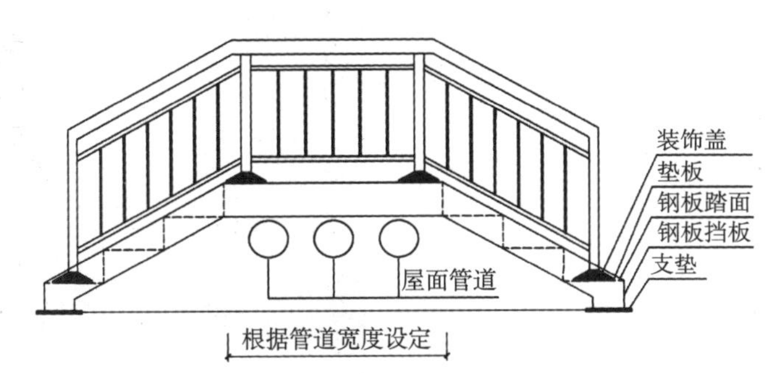


图 2.3.5-1　屋面附属过桥做法大样图

图 2.3.5-2　屋面附属过桥现场图

# 2.4 装饰装修

## 2.4.1 瓷砖铺贴排版做法

（1）部位：墙地面瓷砖铺贴。

（2）做法与要求：

1）瓷砖铺贴前，应先进行排版，排版符合要求后方可铺贴施工。

2）排版包括砖缝大小、图案及色泽等（墙砖、面砖要保持对缝一致）。非整砖应排在次要部位或阴角处，阴角处不能连续有2块非整砖，不足整块的应排在边角处，且不允许出现小于整砖1/3大小的面砖。厨房、卫生间、阳台地面要低于相连房间1～2cm。

图2.4.1-1 瓷砖铺贴排版做法1

图2.4.1-2 瓷砖铺贴排版做法2

3）排砖要做到“六对齐”：①洗脸台板上口与墙砖对齐；②台板立面挡板与墙砖对齐；③镜子上下水平缝对齐，两侧对称，竖缝对齐；④门上口和水平缝，立框和砖模数对齐；⑤小便器、落地、上口墙缝、两边和竖缝对齐；⑥电器开关、插座，上口水平缝对齐。

4）墙砖镶贴时，遇到开关面板或水管的出水孔在墙砖中间时，墙砖不允许断开，应用切割机掏孔，掏孔周边与面板边沿要严密。

（3）图示如图2.4.1-1、图2.4.1-2所示。

## 2.4.2　楼梯踏步踢脚板做法

（1）部位：楼梯踏步踢脚板。

（2）做法与要求：

1）踢脚板施工前应认真清理基层墙面，提前一天浇水湿润；

2）铺贴前，测量弹线。根据踢脚板宽度，首先弹出上下两平台墙面上踢脚板的水平高度，然后在垂直于楼梯齿角的墙面斜线上弹出踢脚板斜向高度；

3）镶贴安装时，由阳角开始向两侧试贴，检查是否平直，缝隙是否严密，有无缺边、掉角等缺陷，合格后方可实贴；

4）镶贴完成后，进行检查。上沿高度应在同一水平面上，出墙厚度要求一致。

（3）图示如图 2.4.2–1、图 2.4.2–2 所示。

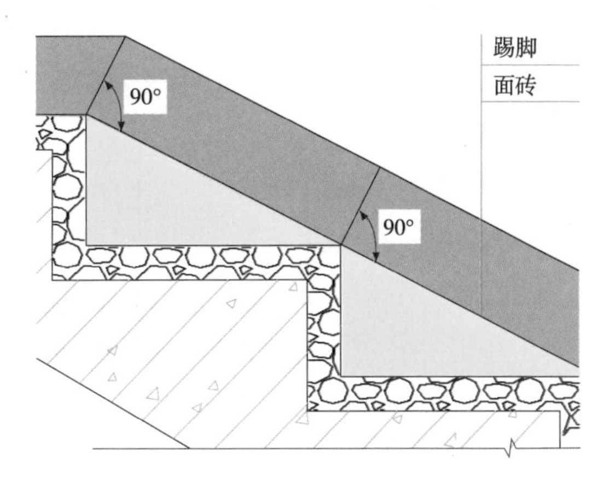


图 2.4.2–1　楼梯踏步踢脚板做法大样图

图 2.4.2–2　楼梯踏步踢脚板做法现场图

## 2.4.3 卫生间地面砖地漏处铺贴做法

（1）部位：卫生间地面砖铺贴。

（2）做法与要求：

1）卫生间面层块材铺贴前，应先根据铺设的房间大小进行排版，提前确定地漏位置，把地漏放置在块材中心或放在砖缝处，地砖八字脚套割，向地漏方向找坡；

2）如果经过排版，地漏仍偏离单块地砖中心时，应以地漏为中心，在地漏四周6～10cm处切割出方框，再切割方框的对角线，将切出的梯形小块瓷砖铺贴时向内倾斜形成坡度，让地漏处于凹槽内，达到美观要求；

3）地漏水封的深度不得小于50mm，地漏箅子顶面应低于地面5mm。

（3）图示如图2.4.3-1、图2.4.3-2所示。

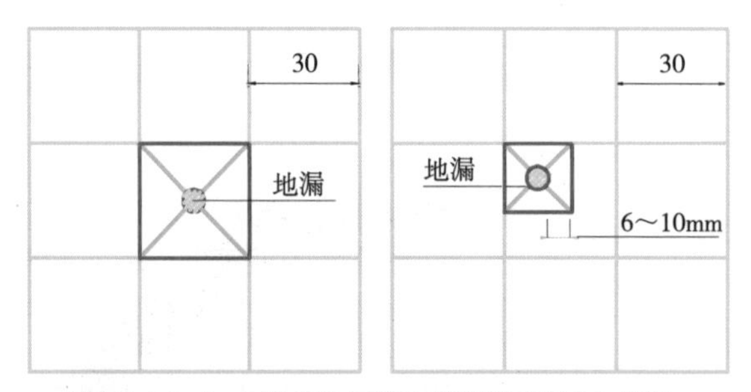


图2.4.3-1 卫生间地面砖地漏处铺贴做法大样图

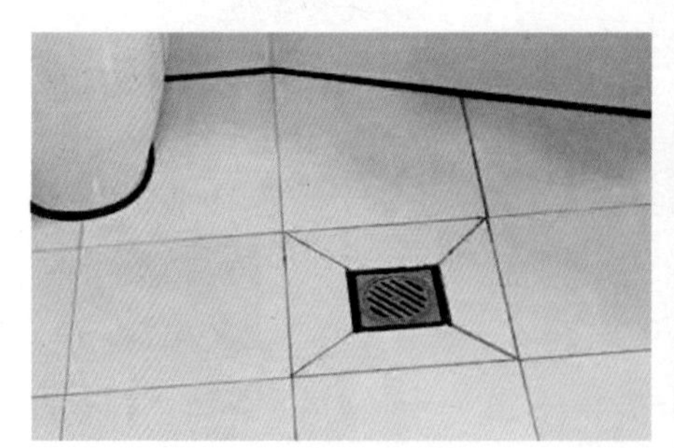

图2.4.3-2 卫生间地面砖地漏处铺贴做法

## 2.4.4　有水房间地面管根防水台做法

（1）部位：有水房间地面管根部位。

（2）做法与要求：

此做法在墙地面防水和面砖铺贴完成后进行。

1）前提条件：①防水涂层均匀，无龟裂、不鼓泡。②管道根部周边节点应密封严实，无渗漏现象。③管根密封材料镶填密实，粘结牢固；

2）施工做法：防水台地砖长宽各大于管径 80～100mm，高 50mm。铺 C20 素混凝土后，上贴瓷砖；

3）铺贴完毕、清理表面后，在防水台与管根之间满打白色玻璃胶。

（3）图示如图 2.4.4–1、图 2.4.4–2 所示。

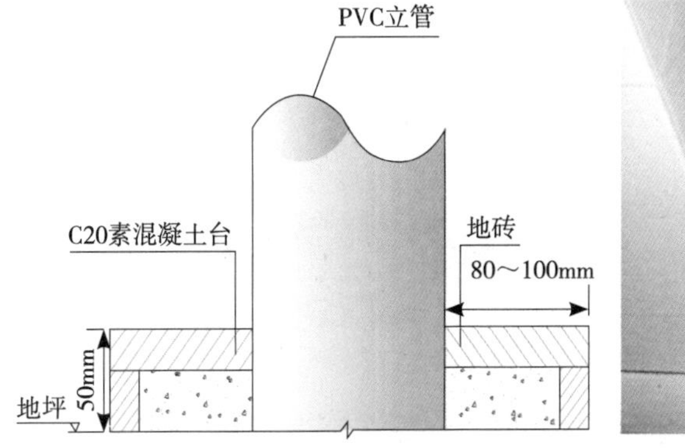


图 2.4.4–1　有水房间地面管根防水台做法剖面图

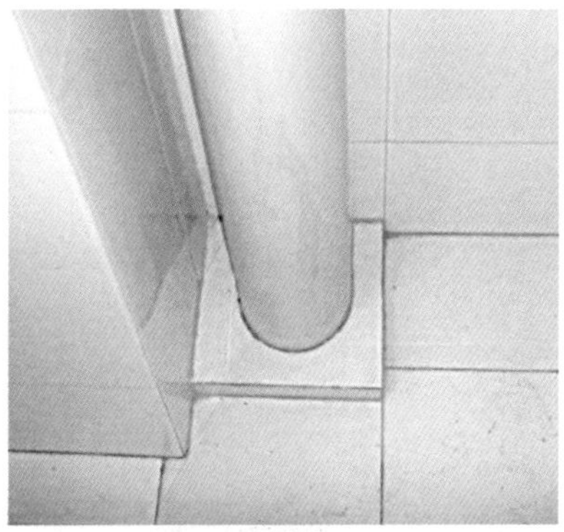

图 2.4.4–2　有水房间地面管根防水台做法

## 2.4.5　有水房间地面门槛石防水做法

（1）部位：有水房间地面门槛石部位。

有水房间地砖采用干硬性水泥砂浆铺贴时，下部易形成透水层，下部水通过门槛石下口向室内地面扩散的同时，易造成外墙根部渗水现象。

（2）做法与要求：

1）当铺贴地面砖时（无论是否先后安装门槛石），在门槛石两侧地面预留不小于 300mm 地面，先不贴地砖，待做好防水处理后再贴地砖，或提前施工门槛石，一并做防水处理；

2）在“300mm 预留区”内（或在门槛石靠有水房间地面的一侧），把松动的砂浆残渣清理干净，用“堵漏灵”拌合料做防水处理，形成“挡水槛”（见图），然后涂刷涂膜防水材料；

3）整个地面铺贴完毕后，进行严密勾缝，以防砖缝渗水进入干硬砂浆透水层。

对于设有阳台或入户花园的门槛防水部位，也可参照此做法。

（3）图示如图 2.4.5-1、图 2.4.5-2 所示。

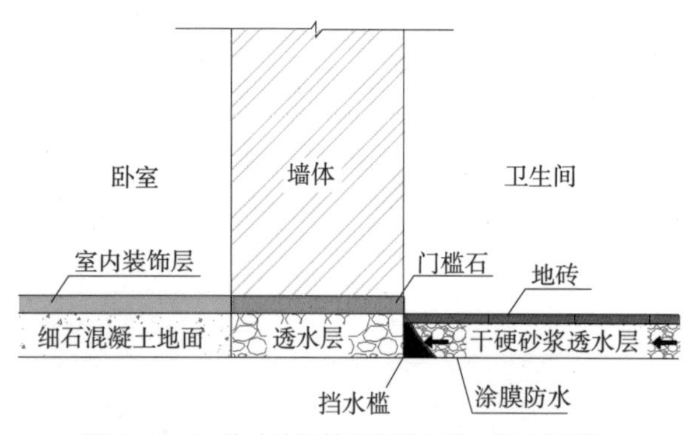


图 2.4.5-1　有水房间地面门槛石防水做法剖面图

图 2.4.5-2　有水房间地面门槛石防水做法现场图

## 2.4.6　装饰墙面暗门做法

（1）部位：消防箱墙面暗门。

（2）做法与要求：

1）以消防箱暗门为例。暗门骨架，用金属材料制作；门扇外饰面，用与精装修墙面等同材质材料（常见的精装修墙面材质多为石材、木饰面、不锈钢等）；门扇内饰面，用水泥压力板、防火板、石膏板、镀锌钢板等将金属骨架封闭，避免钢架外露，内衬不燃材料；

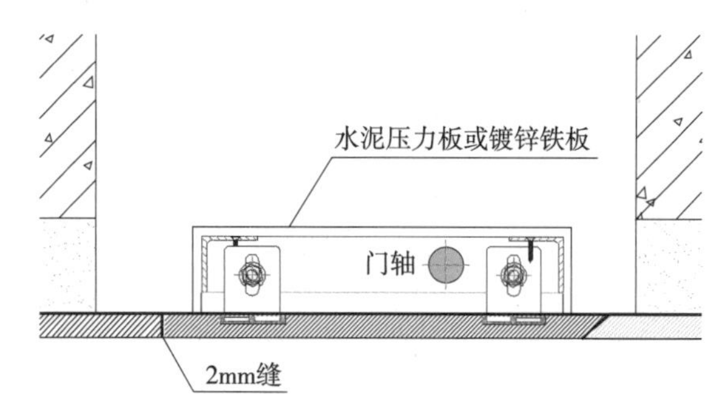

图 2.4.6-1　装饰墙面暗门做法断面图

2）当门扇外饰面为石材（即石材暗门）时，用水泥压力板或防火板封闭金属骨架，作门扇内饰面；门开启处应做 10mm 切角，防止崩边、掉角；门开启角度应大于 135°；

3）消防箱暗门应粘贴明显的消防标识。

（3）图示如图 2.4.6-1、图 2.4.6-2 所示。

图 2.4.6-2　装饰墙面暗门做法现场图

## 2.4.7 管道包封与检修口做法

（1）部位：管道、检修口部位。

（2）做法与要求：

为方便于检修，卫生间、厨房管道不建议采用包封。如采用包封，做法如下：

1）厨房、卫生间管道采用小砖立砌，满挂钢丝网片（网孔尺寸不应大于20mm×20mm，钢丝直径不应小于1.2mm，且宜采用热镀锌）。钢丝网应用钢钉或射钉每200～300mm加铁片固定，挂网做到平整、牢固后，再进行抹灰、外表粘贴面砖；

2）检修口预留尺寸宜为200mm×200mm，检修口距墙砖缝不小于3cm，防止一旦有墙面水时不会沿墙砖通过检修口流入管道井。检修口位置采用可开式百叶封堵。

（3）图示如图2.4.7-1、图2.4.7-2所示。

图2.4.7-1 管道包封做法现场图

图2.4.7-2 检修口做法现场图

## 2.4.8 门窗洞口保温做法

（1）部位：门窗洞口部位。

（2）做法与要求：

1）保温板在洞口四角处不允许接缝（接缝距四角处应大于 200mm）；

2）每排保温板应与下一排错缝安装，错缝长度为 1/2 板长；

3）洞口周边翻包网格布宽度不小于 100mm；

4）压入抹面砂浆的翻包网格布应按要求完全嵌入抹面胶浆内，不得裸露；

5）锚栓不得高出保温板表面；

6）锚固件采用金属螺钉时，应采用不锈钢或经过表面防锈处理的金属螺钉。如果采用塑料钉和带圆盘的塑料套管，应采用聚酰胺、聚乙烯或聚丙烯制成，制作塑料钉的材料不得使用回收的再生材料。锚栓的有效锚固深度在混凝土墙中不小于 25mm，在砌体墙中不小于 50mm。塑料圆盘直径不小于 50mm。

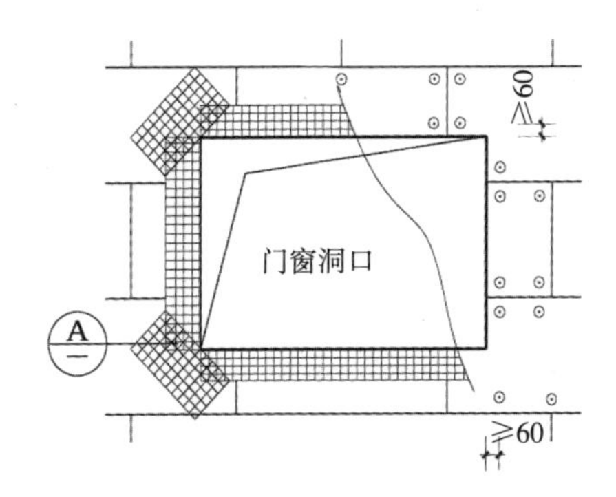

图 2.4.8-1　门窗洞口保温做法 1

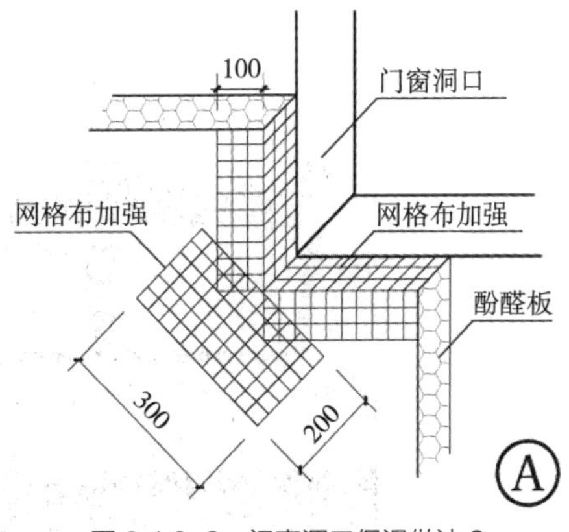

图 2.4.8-2　门窗洞口保温做法 2

（3）图示如图 2.4.8-1、图 2.4.8-2 所示。

## 2.4.9　窗台板安装方法

（1）部位：窗台部位。

（2）做法与要求：

1）首先按图纸要求对窗台板进行实测实量，将测量结果增加相应的宽度和两侧垂耳长度。按照窗口编号对测量成果进行编号。然后，根据测量成果在工厂进行切割、倒角磨边和防腐加工；

2）按照编号将加工好的窗台板运送至相应位置进行安装。为防止运输途中损坏窗台板侧耳，一般在现场进行切割、磨边和抛光；

3）安装时，在窗台上刷 5～10mm 厚素水泥浆，将成品窗台板安放到位，用橡皮锤轻轻敲击，使窗台板与窗台粘接紧密。用水平尺进行测量检查，确保窗台板安装平整；

4）窗台板安装不允许高于窗框下槛高度，窗框外露尺寸应保持一致。窗台板安装完成后注意成品保护；

（3）图示如图 2.4.9-1、图 2.4.9-2 所示。

图 2.4.9-1 窗台板安装现场图 1

图 2.4.9-2 窗台板安装现场图 2

## 2.4.10　外窗下口防漏水节点做法

（1）部位：窗台部位。

（2）做法与要求：

1）针对窗台做企口高 3cm，内侧与窗外侧平齐；

2）窗框与结构间缝隙采用发泡胶填塞密实；

3）外墙涂料施工完成后，窗框四周采用密封胶密封。

（3）图示如图 2.4.10–1、图 2.4.10–2 所示。

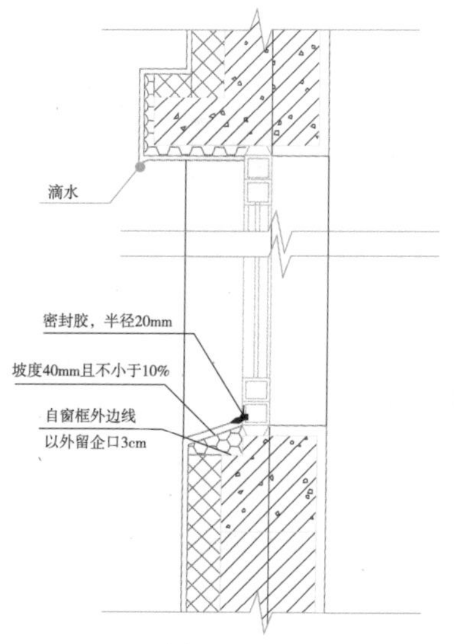


图 2.4.10–1　外窗下口防漏水节点做法大样图

图 2.4.10–2　外窗下口防漏水节点做法现场图

## 2.4.11　玻璃幕墙细部处理

（1）部位：玻璃幕墙。

本做法的玻璃幕墙，包括明框、隐框、半隐框玻璃幕墙。

（2）做法与要求：

1）玻璃幕墙深化设计要遵循对称、对缝、美观大方的原则，充分考虑立面造型、立面分格的形式。

2）玻璃之间的胶缝宽度控制在10mm，注胶时双面贴美纹纸，胶缝应饱满、密实、连续、均匀、无气泡，十字节点处应打出八字形；

3）玻璃幕墙表面应平整、洁净；整幅玻璃的色泽应均匀一致；不得有污染和镀膜损坏；

4）玻璃幕墙的龙骨安装时应横平竖直，颜色均匀一致。玻璃板面与龙骨之间采用密封胶条密封，密封胶条外露面应与龙骨面平齐，胶条应顺直，与龙骨和玻璃贴合紧密；

5）幕墙与不同材质衔接处，外观应平直顺滑、吻合紧密、安装牢固；

6）幕墙与楼层结构之间的防火封堵。封堵面板下料加工要精确，套割收边应规整；封堵安装应牢固、不易变形；安装完成后，面层应平整，与周边衔接处应界限清晰、美观、吻合紧密；

7）幕墙开启扇的配件应齐全，安装应牢固，安装位置和开启方向、角度应正确；开启应灵活，关闭应严密。

（3）图示如图2.4.11-1、图2.4.11-2所示。

图2.4.11-1　玻璃幕墙细部处理现场图1

图2.4.11-2　玻璃幕墙细部处理现场图2

## 2.4.12　金属幕墙细部处理

（1）部位：金属幕墙。

（2）做法与要求：

1）幕墙深化设计要遵循对称、对缝、美观大方的原则，充分考虑立面造型、立面分格的形式；

2）幕墙面板、主次龙骨等材料加工时应结合设计图纸和现场尺寸复核，采用软件进行排版，加工制作质量应精细；

3）严格控制安装质量，金属幕墙的相邻板块之间衔接应顺滑、顺直，间隙均匀一致，接头无翘曲；

4）金属幕墙与门窗、不同材质部位的衔接处接头应平整、顺滑，衔接处可采用定型金属压条或注胶；

5）衔接处接缝注胶应饱满、密实、连续、均匀、无气泡，胶缝宽窄均匀一致，接头外观应顺滑；

6）幕墙表面应平整、洁净，色泽应均匀一致，不得有污染、损坏、缺失；

7）立柱上下接头间隙不小于 15mm，并应均匀一致，接头顺直，不错头。

（3）图示如图 2.4.12-1、图 2.4.12-2 所示。

图 2.4.12-1　金属幕墙细部处理现场图 1

图 2.4.12-2　金属幕墙细部处理现场图 2

### 2.4.13 石材幕墙细部处理

（1）部位：石材幕墙。

（2）做法与要求：

1）幕墙深化设计要遵循对称、对缝、美观大方的原则，充分考虑立面造型、立面分格的形式。整体版面排列应整齐、规整、对称、美观；

2）石材幕墙与玻璃幕墙等不同材质幕墙组合时，应综合考虑整体性，应对缝衔接，衔接处应吻合、顺直；

3）挑檐45°对称铺贴，滴水线槽预切割幕墙大角顺直；

4）阳角可采用定型L型石材安装或对缝衔接，对缝衔接时，留缝应均匀、大角应顺直。阴阳角与大面衔接要顺滑，接头要平顺；

5）幕墙石材板块之间留缝应均匀一致，密封胶的打注应饱满、密实、连续、均匀、无气泡，胶缝宽窄均匀一致，接头外观应顺滑；

6）石材幕墙与石材散水对缝铺贴，做工精细、浑然一体；

7）幕墙石材表面应平整、洁净，色泽应均匀一致，不得有污染和镀膜损坏。

（3）图示如图2.4.13-1、图2.4.13-2所示。

图2.4.13-1 石材幕墙细部处理现场图1

图2.4.13-2 石材幕墙细部处理现场图2

# 2.5　室外工程

## 2.5.1　明散水做法

（1）部位：室外散水。

（2）基本要求：

1）散水厚度 60mm，坡度 4%，C20 细石混凝土，内设 $\phi$6@200 双向钢筋网片；

2）排水沟采用标准黏土砖砌筑，M10 水泥砂浆，排水沟内侧采用 15 厚 M15 水泥砂浆抹面。排水沟垫层为 60 厚 C15 细石混凝土，盖板采用厂供预制钢筋混凝土盖板；

3）排水沟垫层找坡，坡度 0.5% 最深处 300mm，采用 *DN*200 双壁波纹管就近接入雨水井内；

4）散水需要提前留置伸缩缝，缝宽 20mm，缝内灌注改性沥青。缝距不大于 6m，在散水转角容易开裂位置留置伸缩缝。

（3）图示如图 2.5.1–1、图 2.5.1–2 所示。

## 2.5.2　人行铺装区域检查井井盖处理做法

（1）部位：人行铺装区域检查井井盖。

（2）做法与要求：

小区人行道路多采用石材铺装，检查井区域一般采用双层井盖。检查井砌筑时，要求原始井盖标高与石材铺贴前的硬化垫层标高相同。石材铺装时，在井室上方加装一个不锈钢铺装井盖，其剖面也可要求厂家设置成倒梯形，这样可使井盖与边框配合更加紧密，井盖安装后只在地面暴露出四边的边框，井盖中部的凹陷区域可直接铺贴地砖或石材，也可根据情况选择加装加强筋后铺贴。

（3）图示如图 2.5.2–1、图 2.5.2–2 所示。

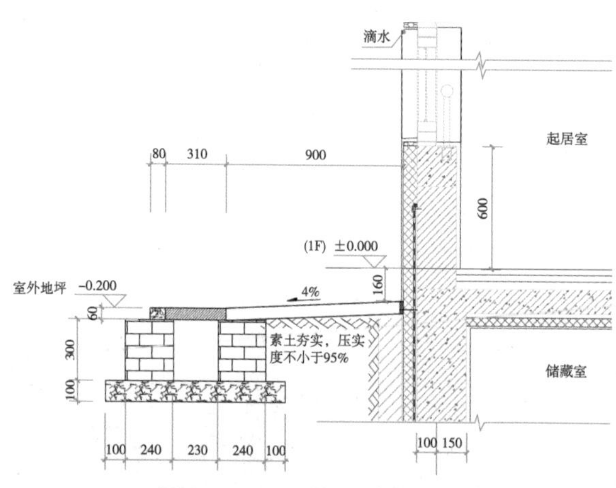


图 2.5.1–1　明散水做法剖面图

图 2.5.1–2　明散水做法现场图

图 2.5.2–1　人行铺装区域检查井井盖处理做法现场图 1

图 2.5.2–2　人行铺装区域检查井井盖处理做法现场图 2

## 2.5.3 绿化带区域检查井井盖做法

（1）部位：小区绿化。

（2）做法与要求：

绿化带中的井盖安装有两种选择方式：一种为玻璃钢种植井盖，底端设有滤水孔，起到一个“花盆”的作用，可直接在该井盖内种草，安装后与绿化带融为一体；另一种为树脂绿化井盖，井盖颜色为绿色，此种做法虽不需种植草，同样可与植被绿化同调。但该做法不适合做护坡，影响整体观感；且如果时间久了，井盖出现脱色现象，树脂井盖也可以由物业人员自行彩绘，同样能起到不错的效果。

（3）图示如图 2.5.3–1、图 2.5.3–2 所示。

图 2.5.3–1 绿化带区域检查井井盖做法现场图 1

图 2.5.3–2 绿化带区域检查井井盖做法现场图 2

## 2.5.4 室外排水沟做法

（1）部位：车库坡道，室外排水沟槽。

（2）做法与要求：

1）排水沟底部及侧面采用水泥砂浆或贴面砖，表面应平整、光洁、棱角方正。

2）排水箅子的固定角钢上口应拉通线埋设，与预埋钢板焊接，固定方正、上口平顺，与两侧地面交接平整。

3）排水沟箅子长度应按地沟长度预排加工，无小于 1/3 拼块。箅子表面与地面平整度偏差不大于 2mm，且接缝严密，无晃动变形等缺陷。

（3）图示如图 2.5.4–1、图 2.5.4–2 所示。

图 2.5.4–1 室外排水沟做法现场图 1

图 2.5.4–2 室外排水沟做法现场图 2

## 2.5.5 沉降观测点安装做法

（1）部位：楼房室外观测点。

此做法用于外露式沉降观测点。沉降观测装置为成品制作。

（2）做法与要求：

楼房沉降观测点，一般设在一层剪力墙或柱 +0.5m 标高处。设置时，先用冲击钻打直径为 $\phi 18$ 的孔，然后用结构胶将 $\phi 16$ 的镀锌圆钢（成品观测件）植入 16cm 深。

（3）图示如图 2.5.5-1、图 2.5.5-2 所示。

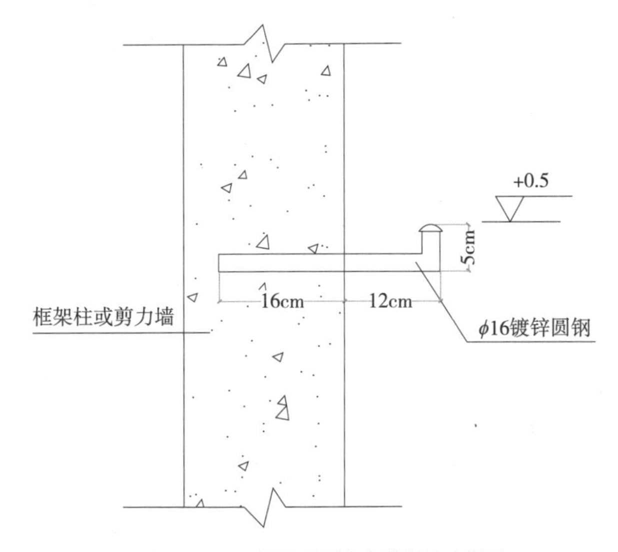


图 2.5.5-1　沉降观测点安装做法大样图

图 2.5.5-2　沉降观测点安装做法现场图

# 2.6 水暖工程

## 2.6.1 管道井管道综合布置安装

（1）部位：管道井。

（2）做法与要求：

1）所有管井管道应在预留预埋阶段进行深化设计，预留孔洞按深化后的图纸施工；

2）管井管道施工前必须编制管井管道专项施工方案，并严格按批准后的方案实施；

3）管道井管线综合布置，一定要在掌握各系统管线走向的基础上进行。管线位置应避免进出管井时重叠交叉或影响走廊内吊顶标高；

4）管道井宜设置共用支架，且利于检修，所有管井支架高度应一致；

5）管井门口应设置止水台，以防检修或发生漏水漫至走廊、楼梯间或电梯井内。

（3）图示如图 2.6.1–1、图 2.6.1–2 所示。

图 2.6.1–1 管道井管道综合布置安装现场图 1

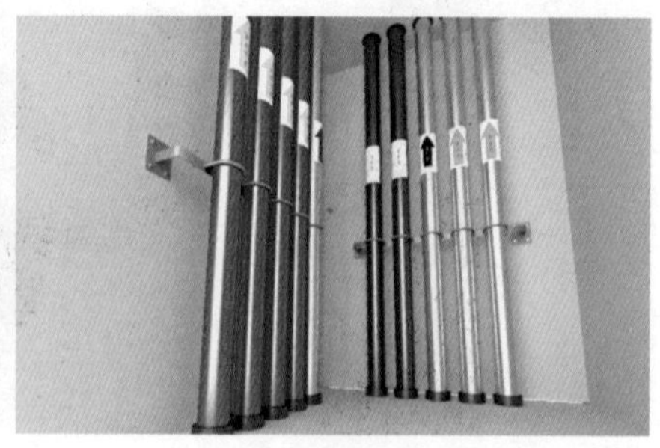

图 2.6.1–2 管道井管道综合布置安装现场图 2

## 2.6.2　管线综合排布

（1）部位：管线综合排布。

（2）做法与要求：

优先采用共用支架。对于碰撞管线调整时应遵循以下要求：

1）充分利用顶部空间，提高净空尺寸；

2）设备、管线接头应避开大梁位置，同时考虑贴近吊顶，保证检修空间；

3）电气系统避让水系统，水系统避让风系统；

4）施工难度小的避让施工难度大的，桥架布设应便于后期电缆敷设；

5）桥架和水管多层水平布置时，桥架应位于水管上方；高中压在上，低压在下，经常检修的在下；

6）间距要求如下：管道外壁（或保温层的外表面）距墙面或侧边的距离不宜小于 150mm，距柱、梁之间的距离宜为 50mm，各种管道外壁（或保温层外表面）之间的距离宜为 100～150mm。风道的外壁距墙之间的距离宜为 200～300mm。管道上有阀门且设置同一断面的，应考虑阀门在保温时对管道间距的要求。

（3）图示如图 2.6.2-1、图 2.6.2-2 所示。

图 2.6.2-1　管线综合排布现场图 1

图 2.6.2-2　管线综合排布现场图 2

## 2.6.3　消防水泵安装

（1）部位：消防水泵。

（2）做法与要求：

1）消防水泵吸水管和出水管上应设置压力表，压力表的直径不应小于 100mm，应采用直径不小于 6mm 的管道与消防水泵进出口管相接，并应设置关断阀门。压力表安装朝向应便于读取，成排压力表标高一致，朝向应一致；

2）消防水泵吸水管宜设置真空表、压力表或真空压力表。压力表的最大量程应根据工程具体情况确定，但不应低于 0.70MPa；真空表的最大量程宜为 –0.10MPa；出水管压力表的最大量程不应低于水泵额定工作压力的 2 倍，且不应低于 1.60MPa，压力表应加设缓冲装置，压力表和缓冲装置之间应安装旋塞；

3）阀门应设置常开、常闭标识；

4）阀杆宜采用 PVC 管、管堵及黄油进行保护。

（3）图示如图 2.6.3–1、图 2.6.3–2 所示。

图 2.6.3–1　消防水泵安装现场图 1

图 2.6.3–2　消防水泵安装现场图 2

## 2.6.4　伸缩缝处管道安装

（1）部位：伸缩缝处管道。

（2）做法与要求：

1）管道穿过结构伸缩缝、抗震缝及沉降缝敷设时，应根据情况采取下列保护措施：①在墙体两侧采取柔性连接；②在管道或保温层外皮上、下部留有不小于 150mm 的净空；③在穿墙处做成方形补偿器，水平安装。

2）软接头安装时应注意方向，膨胀节应与管道保持同轴，不得偏斜。

3）安装时应对补偿器进行预拉伸或压缩，允许偏差为 ±10mm。

4）吊装时，不得把绳索绑扎在波节上，也不许将支撑件焊接在波节上。

（3）图示如图 2.6.4–1、图 2.6.4–2 所示。

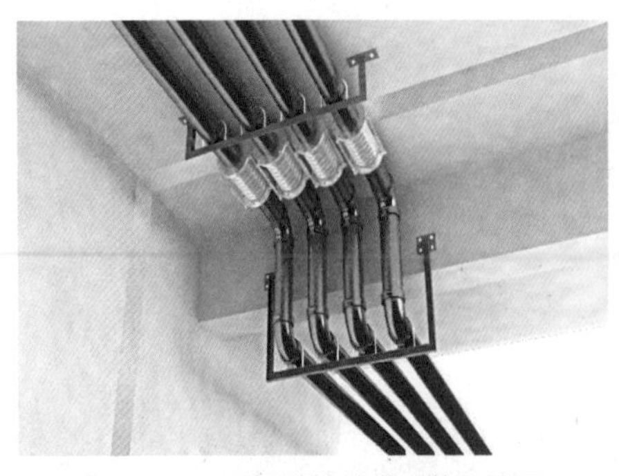

图 2.6.4-1　伸缩缝处管道安装现场图 1

图 2.6.4-2　伸缩缝处管道安装现场图 2

### 2.6.5　管道支架吊杆外露螺纹丝扣处理

（1）部位：管道支架吊杆。

（2）做法与要求：

金属吊杆安装前，表面应涂刷一遍银粉。吊架长度确定后，将吊杆多余部分截去，套入等长的 PVC 线管。管道吊架安装完毕后，末端断面口用砂轮打磨，将凸出部分及毛刺磨平，螺杆外露 2～3 道丝扣，然后用圆头成品塑料螺帽拧紧。

（3）图示如图 2.6.5-1、图 2.6.5-2 所示。

图 2.6.5-1　管道支架吊杆处理现场图

图 2.6.5-2　吊杆外露螺纹丝扣处理现场图

## 2.6.6　管道穿墙装饰圈安装

（1）部位：管道穿墙部位。

（2）做法与要求：

1）根据管材及管径采购相应的成品装饰圈。一般采用 PVC 材质装饰圈，不锈钢管材建议采用不锈钢材质装饰圈；

2）装饰圈安装前，穿墙、板套管内的防火填充物应均匀抹平、管周杂物清理干净；

3）固定装饰圈后，应将表面擦拭干净。

（3）图示如图 2.6.6–1、图 2.6.6–2 所示。

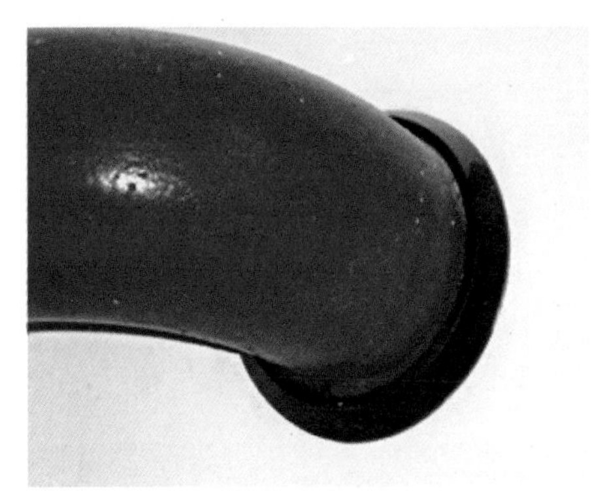

图 2.6.6-1　管道穿墙装饰圈现场图 1

图 2.6.6-2　管道穿墙装饰圈现场图 2

## 2.6.7　卫生洁具安装

（1）部位：卫生间。

（2）做法与要求：

1）卫生洁具应按装饰最终排版图进行布置。给水排水管线应根据此图纸进行深化设计，洁具开孔位置一定要待装饰墙地面砖（石材）排版和定位尺寸确定后进行。建议洁具的排水管穿楼板洞口，在前期预留预埋阶段不施工，待装饰装修阶段根据排版统一开洞施工；

2）卫生洁具安装高度应符合设计和规范要求，成排洁具排列整齐，均匀布置，满足使用功能；

3）坐便器、蹲便器中心与侧墙的间距不得小于450mm。小便斗、洗脸盆中心与侧墙的间距宜大于550mm。管线预埋于轻质隔墙内时，不得切横槽；

4）卫生洁具应固定牢固，不得直接用水泥或玻璃胶固定，固定件安装不得破坏防水层；

5）有淋浴的卫生间内所有金属管道和金属器具均需做局部等电位联结，且注意有水房间电气插座与用水点之间的有效间距；

6）所有给水点按规范要求施工，不得过深、过浅、间距过大、过小、不水平等；

7）坐便器安装完毕后，坐便器与地面接触周圈打胶时必须保证坐便器后方打胶质量，避免返臭。

（3）图示如图2.6.7-1、图2.6.7-2所示。

图2.6.7-1　卫生洁具（小便斗）安装现场图

图2.6.7-2　卫生洁具（蹲便器）安装现场图

## 2.6.8　消防箱安装

（1）部位：消防箱。

（2）做法与要求：

1）消防箱箱体安装时，要求垂直度偏差不大于 3mm，箱体洁净、无破损、无扭曲变形，面漆无脱落。消火栓箱门扇开启灵活，标识清楚完整，字体端正；

2）箱内整洁，器具配置齐全，排放整齐、无污染。水龙带与消火栓及快速接头绑扎紧密，并卷折、挂在托盘或支架上。水龙带应采用双头盘法盘管，且接口绑扎应有 2 道铅丝；

3）消火栓支管穿越箱体处应封堵严密、光滑，并应刷面漆，漆色应与箱体颜色一致。消火栓栓口朝外（箱体较薄时使用可旋转的消火栓头）且在门开启的一侧。栓口及手轮不得被其他物品遮掩（即“开门见栓”）。栓口距地面 1.1m，无渗漏或渗漏的痕迹；

4）暗装消防箱壳施工时，应充分考虑建筑地面做法及墙面踢脚做法，保证消防箱底距地面符合规范要求安装高度；

5）消防箱门扇的开启角度不小于 120°。

（3）图示如图 2.6.8–1、图 2.6.8–2 所示。

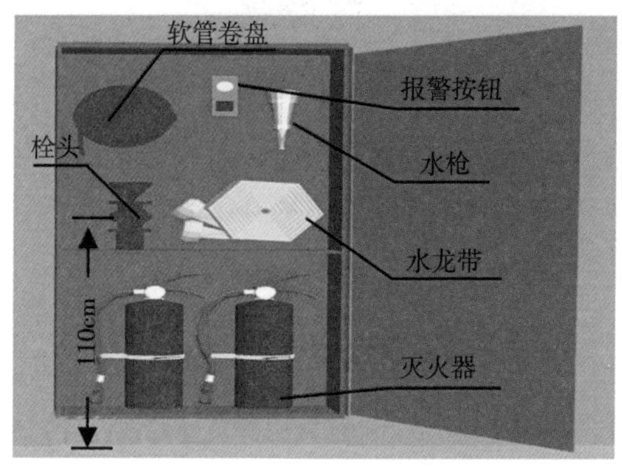


图 2.6.8–1　消防箱安装现场图 1

图 2.6.8–2　消防箱安装现场图 2

## 2.6.9 水泵减振装置安装

（1）部位：泵房水泵。

（2）做法与要求：

1）水泵减振应采用减振垫或减振器减振。减振器（垫）安装前，应对基础进行找平检查，以免受力不均匀；

2）减振垫与设备底座间及减振垫与基础间，应加装与减振垫尺寸相同的钢板，以便减振能量的传递，并保证美观；

3）减振器（垫）的规格、参数、数量必须符合设计要求，设计无要求时应根据产品样册选型后做设计确认；

4）减振器必须和设备基础及减振底座或钢架用螺栓连接在一起，必要时加限位装置。

（3）图示如图 2.6.9–1、图 2.6.9–2 所示。

图 2.6.9-1 水泵减振装置安装现场图 1

图 2.6.9-2 水泵减振装置安装现场图 2

## 2.6.10 管道、设备外保温做法

（1）部位：管道、设备外保温。

（2）做法与要求：

1）管道、设备外保温层包装（安装）应平整美观，密实牢固，厚度均匀一致，搭扣位置处理严密、美观；

2）设备保温层保护壳牢固紧凑，棱角分明，平整顺畅，顺水搭接，无破损，且标识清晰；

3）阀门、法兰、卡箍等阀件因比管道外径大，保温时应做特殊处理；

4）对于经常拆卸的过滤器、盲板等部位的保温，应做成可拆卸部件，便于日常维保。

（3）图示如图 2.6.10-1、图 2.6.10-2 所示。

图 2.6.10-1　管道、设备外保温做法现场图 1

图 2.6.10-2　管道、设备外保温做法现场图 2

## 2.6.11 管道功能标识

（1）部位：管道功能标识。

（2）做法与要求：

1）安装的多路管道，应进行明确标识。标识部位应选在管道可视面、宜观察的部位，并应设置在便于操作、易于观察的直线段上，避开管件等部位。成排管道的标识，应整齐一致；

2）垂直管道，宜标识在朝向通道侧管道轴线中心。成排管道，以满足标识高度的直线段最短管道为基准，依次一致标识；

3）水平管道轴线距地小于1.5m时，应标识在管道正上方；在1.5～2.0m时，应标识在正视侧面；大于2.0m时，应标识在正下方或侧面。

（3）图示如图2.6.11–1、图2.6.11–2所示。

图2.6.11-1 管道功能标识现场图1

图2.6.11-2 管道功能标识现场图2

# 2.7　电气工程

## 2.7.1　电井内设备管线综合排布

（1）部位：电井内设备管线。

（2）做法与要求：

1）电井内设备应在预留预埋阶段进行深化设计，经综合排布后确定桥架、配电箱柜的位置，桥架预留孔洞按深化后的图纸施工；

2）配电箱柜、桥架、母线等排布合理，便于检查维修。电井内接地母线应刷黄绿双色标识；

3）配电柜落地安装时应设置型钢基础，并涂刷防锈漆和面漆。

（3）图示如图 2.7.1–1、图 2.7.1–2 所示。

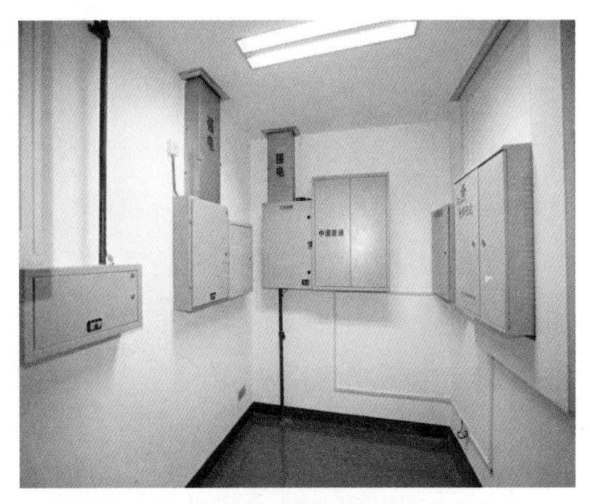

图 2.7.1–1　电井内设备管线综合排布现场图 1

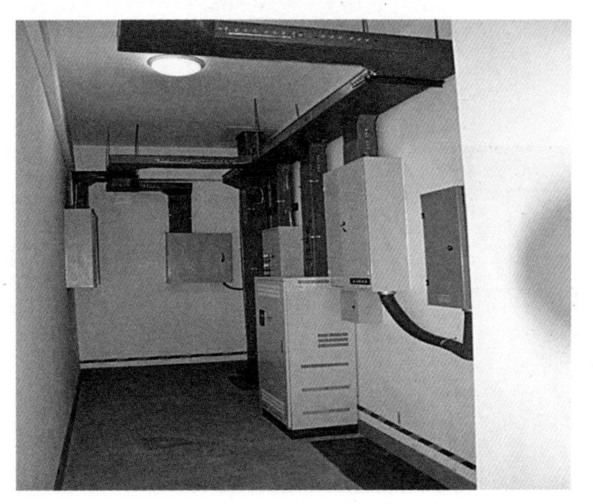

图 2.7.1–2　电井内设备管线综合排布现场图 2

## 2.7.2 水平、竖向接地母线敷设做法

（1）部位：水平、竖向接地母线。

（2）做法与要求：

1）接地母线的敷设位置应便于检查，不妨碍设备的拆卸、检修和运行巡视，安装高度应符合设计要求；

2）水平沿建筑物敷设时，与建筑物墙壁间的间隙宜为 10～20mm；与建筑物墙壁采用绝缘子连接，且间距均匀一致；

3）设置的接地扁钢转弯应平滑顺直，不能出现死弯；

4）接地干线安装平直，标识清晰，其接地干线全长度表面，应涂以 15～100mm 黄色和绿色相间的条纹标识，条纹间距、宽度应均匀一致；

5）采用压接时，扁钢应压接紧密，水平压接扁钢应平齐，平弹垫齐全；

6）采用焊接连接时，焊接长度为扁钢宽度的 2 倍，焊缝不得有夹渣咬肉等现象，焊缝观感质量好；

7）接地干线应有不少于 2 处与接地装置引出干线连接；

8）配电室内接地干线的支持件间距：水平直线部分为 0.5～1.5m，垂直直线部分为 1.5～3.0m，弯曲部分为 0.3～0.5m，且间距均匀一致。

（3）图示如图 2.7.2–1、图 2.7.2–2 所示。

图 2.7.2–1 接地母线敷设做法现场图 1

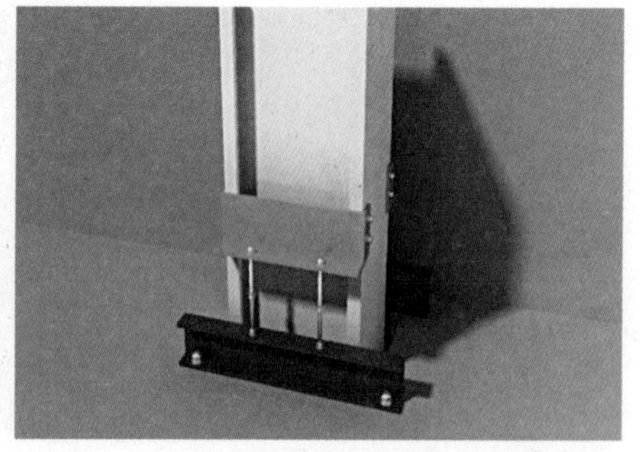

图 2.7.2–2 接地母线敷设做法现场图 2

## 2.7.3　地下室机房设备接地（跨接）做法

（1）部位：地下室机房设备。

（2）做法与要求：

1）电气设备的外壳（支架）接地，是指预留接地体与专用接地螺丝的连接，应采用横截面积 $4mm^2$ 以上黄绿色软铜线进行接地连接，软铜线两端压接接线端子；

2）预留接地体应采用热镀锌扁钢制作，并涂以黄色和绿色相间的条纹标识，条纹间距均匀一致，条纹的宽度一致；

3）预留接地体顶端打磨倒角；

4）施工时，将接地线与接地螺丝的接触面打磨擦净，擦至发出金属光泽，将接地线端部挂上锡，并涂上中性凡士林油（作业时，下垫托盘以防遗洒），然后接入螺丝并将螺帽拧紧。在有振动的地方，所有接地螺丝都必须加垫弹簧垫圈；

5）电气设备如装在金属结构上面，且有可靠的金属接触时，接地线或接零线可直接焊在金属结构上；

6）机组、水箱等与用电设备直接或间接连接时，应做接地连接；

7）风管软连接处，须做好跨接地线的连接。

（3）图示如图 2.7.3–1、图 2.7.3–2 所示。

图 2.7.3–1　机房设备接地（跨接）做法现场图 1

图 2.7.3–2　机房设备接地（跨接）做法现场图 2

## 2.7.4 屋面避雷带安装

（1）部位：屋面避雷系统。

（2）做法与要求：

1）避雷带设置应平正顺直，固定点支持件应间距均匀、固定可靠，安装高度不大于0.15m，支架间距不大于1m，遇房顶转角处，支架距转角不大于0.3m；

2）转角处需制作成Ω形，变形缝处需制作变形缝补偿弯；

3）避雷网支架下部必做防护帽，防止渗水；

4）避雷带的搭接应采用上下搭接、双面施焊，且焊接倍数不小于6倍直径，焊口应饱满均匀连续，避雷带与避雷引下线预留点应连接可靠，连接处应有标识。

（3）图示如图2.7.4–1、图2.7.4–2所示。

图2.7.4–1 屋面避雷带安装现场图1

图2.7.4–2 屋面避雷带安装现场图2

## 2.7.5　屋面金属体防雷接地做法

（1）部位：屋面避雷系统。

（2）做法与要求：

屋面金属体防雷接地的施工工序为：接地线、连接、刷漆、标识。工艺方法为：

用 25mm × 4mm 的镀锌扁钢从就近的避雷网引接地线，一端与避雷网连接，另一端在金属附近地面引出，避雷接地扁铁的敷设应高于设备基础 100～200mm。无振动设备可在金属体上直接焊接，有振动设备和非碳钢金属体应用编织软铜线两端压端子跨接，编织软铜线外套黄绿双色热缩套管且热缩。伸出地面的接地母线应刷黄黑相间油漆。体积较大的金属体应做不少于两处的接地，高度高于避雷网时，应加避雷针保护。接地母线附近应做接地标识。

此防雷接地做法的控制要点主要是端头连接和标识，要求接地可靠、标识规范明确。

（3）图示如图 2.7.5-1、图 2.7.5-2 所示。

图 2.7.5-1　屋面金属体防雷接地做法现场图 1

图 2.7.5-2　屋面金属体防雷接地做法现场图 2

### 2.7.6 接地母线安装做法

（1）部位：接地母线安装。

（2）做法与要求：

1）用扁钢制作接地母线支架，支架末端应加工成燕尾形，埋设深度不小于50mm，出墙平直端长度为10～15mm，上弯立面长度为40mm。支架安装间距为1m，离地高度为300mm；支架间距均匀，距墙距离一致，接地母线敷设顺直，油漆涂刷均匀，分色清晰；

2）接地母线用扁钢制作，应先调直或煨弯后焊接在支架上，搭接长度不小于扁钢宽度的2倍且三面施焊；

3）每房间设不少于两处的蝴蝶螺母作为临时接线柱，过门处暗敷埋设，转角用扁铁弯制成圆弧形，弯制半径 $R \geqslant 100$mm，穿墙板处加设保护套管保护；

4）接地母线应刷45°斜向黄黑相间标识油漆，条纹间距100mm，临时接线柱两侧各留20mm宽度不刷漆。

（3）图示如图2.7.6-1、图2.7.6-2所示。

图2.7.6-1 接地母线安装做法现场图1

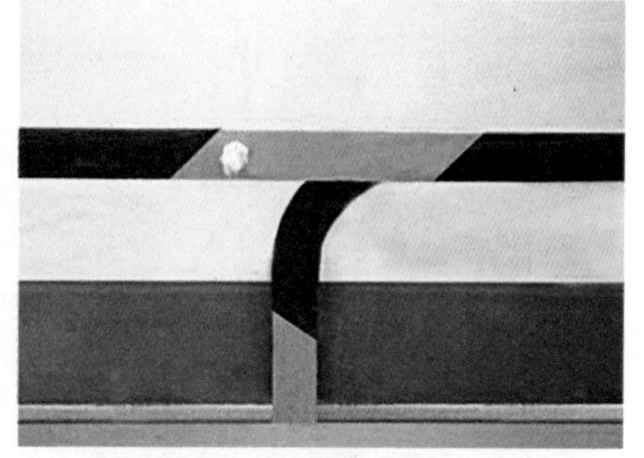

图2.7.6-2 接地母线安装做法现场图2

## 2.7.7　等电位端子箱安装做法

（1）部位：等电位端子箱。

（2）做法与要求：

1）各等电位端子箱的位置应根据设计图纸要求确定，如设计无要求，则总等电位端子箱宜设置在电源进线或进线配电盘处，底边距 0.3m。明装等电位端子箱应安装端正，线槽（或管）入盒与盒面垂直。暗装等电位端子箱，应安装平整，装盒与墙面平齐。四周灰浆饱满。地端子排应平直，预留螺栓间距均匀一致，并位于端子排的中间；

2）等电位联结线施工：等电位联结线可采用塑料绝缘导线穿塑料管暗敷设，也可采用镀锌扁钢或镀锌圆钢暗敷设，等电位联结端子板截面不得小于等电位联结线的截面。

（3）图示如图 2.7.7–1、图 2.7.7–2 所示。

图 2.7.7–1　等电位端子箱安装做法现场图 1

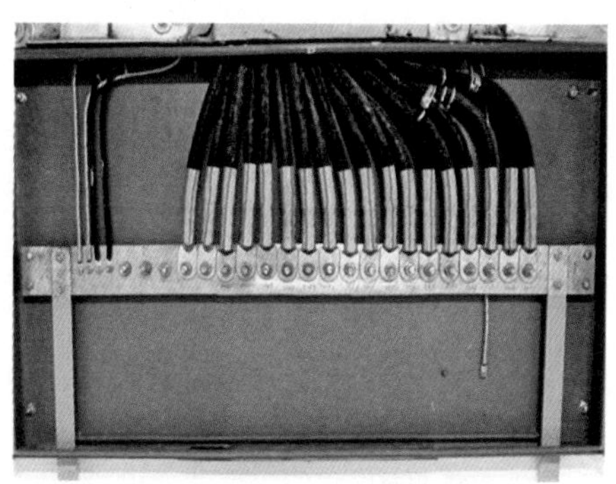
图 2.7.7–2　等电位端子箱安装做法现场图 2

## 2.7.8 水暖管道井等电位安装做法

（1）部位：水暖管道井。

（2）做法与要求：

1）接地线与金属给水管（含排水管及其他输送非可燃体或非爆炸气体的金属管道）连接时，应在靠近建筑物的进口处焊接；

2）若接地线与管道不能直接焊接时，应用卡箍连接。抱箍与管道接触处的接触表面须刮拭干净，安装完毕后刷防护漆，抱箍内径等于管道外径，其大小依管道大小而定；

3）管道上的水表、法兰阀门等处应用裸铜线将其跨接。接地标识准确、清晰；

4）施工完毕后需测试导电的连续性，导电不良的连接处需作跨接线；

5）总等电位联结内的水管、基础钢筋等自然接地体的接地电阻值，已满足电气装置的接地要求时，不需另外设置人工接地极，保护接地与避雷接地宜直接短接地连通；

6）相邻近管道及金属结构允许用一根不小于 $6mm^2$ 的铜质 MEB 线连接；

7）标识的箭头方向表示水、气流动方向。当进回水管相距较远时，也可由 MEB 端子板分别用一根不小于 $6mm^2$ 铜质 MEB 线连接。

（3）图示如图 2.7.8-1、图 2.7.8-2 所示。

图 2.7.8-1 水暖管道井等电位安装做法现场图 1

图 2.7.8-2 水暖管道井等电位安装做法现场图 2

## 2.7.9　卫生间等电位安装做法

（1）部位：卫生间等电位安装。

（2）做法与要求：

1）端子板采用紫铜板材质，端子板应平直。端子板上的预留螺栓间距均匀一致，并位于端子板的中间。实际施工中，可根据具体工程要求变更端子板、端子箱尺寸；

2）端子箱安装应平整，底盒与墙面平齐，四周灰浆饱满，顶、底板有敲落孔；

3）端子箱需用钥匙或工具方可打开；

图 2.7.9-1　卫生间等电位安装现场图 1

4）抱箍与管道接触处的接触表面须先刮拭干净，安装完毕后刷防护漆，抱箍内径等于管道外径，其大小依管道大小而定；

5）地面内钢筋网宜与等电位联结线连通，当墙为混凝土墙时，墙内钢筋网也宜与等电位联结线连通；

图 2.7.9-2　卫生间等电位安装现场图 2

6）等电位联结线与浴盆、金属地漏、下水管等卫生设备连接；

7）LEB 线自 LEB 专用端子板引出，LEB 线均采用 BV-4mm$^2$ 以上铜线在地面内或墙内穿塑料管暗敷；

8）LEB 线除明者外，均采用 25mm × 4mm 镀锌扁钢在地面内或墙内暗敷。

（3）图示如图 2.7.9-1、图 2.7.9-2 所示。

## 2.7.10 线槽照明灯安装做法

（1）部位：线槽照明灯位。

（2）做法与要求：

1）灯具线槽排布应成排、成线，顺直美观；

2）线槽吊杆间距为 1.5m，每 15m 添加一个固定支架。线槽始端、末端及转角处应添加“L”形固定支架；

3）灯具与线槽之间使用平头螺栓固定。

（3）图示如图 2.7.10–1、图 2.7.10–2 所示。

图 2.7.10-1 线槽照明灯安装现场图 1

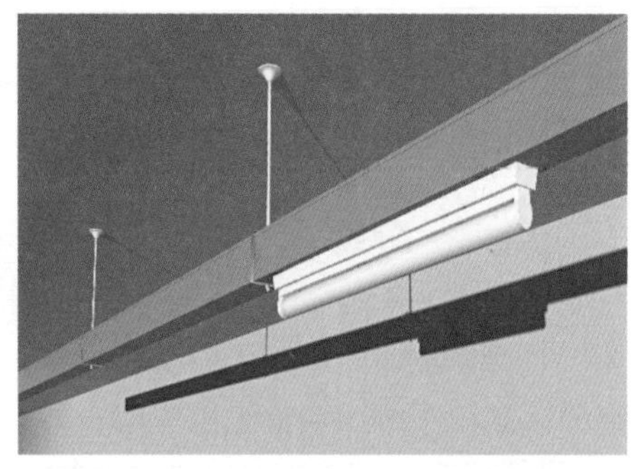

图 2.7.10-2 线槽照明灯安装现场图 2

## 2.7.11 机房设备与桥架连接做法

（1）部位：机房设备与桥架。

（2）做法与要求：

1）机房设备与桥架的连接，采用定制成品 45° 桥架配件安装；

2）竖向桥架应安装在方便设备接线的一侧，接地可靠，标识明确；

3）电缆桥架（刚性导管）经柔性导管与电气设备、器具连接。柔性导管的长度在动力工程中不大于 0.8m，在照明工程中不大于 1.2m。柔性导管两端，上下锁母拧紧，严禁裸露电线。

（3）图示如图 2.7.11-1、图 2.7.11-2 所示。

图 2.7.11-1　机房设备与桥架连接做法现场图 1

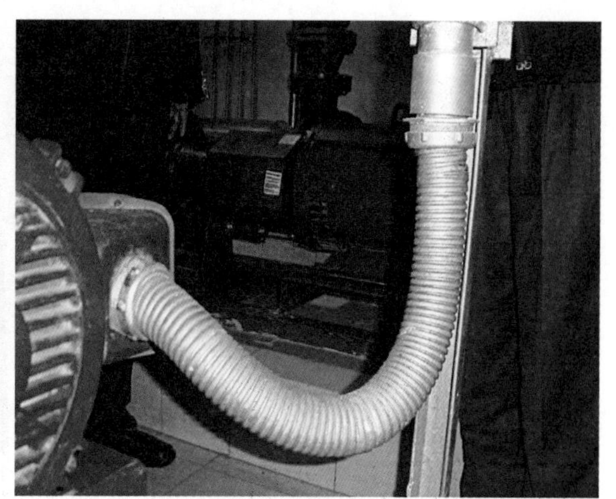

图 2.7.11-2　机房设备与桥架连接做法现场图 2

## 2.7.12　桥架内电缆敷设做法

（1）部位：桥架内电缆。

（2）做法与要求：

1）电缆在桥架内宜单层敷设，应排列整齐，不应交叉敷设；

2）电缆在桥架内固定应采用电缆卡子或者绑扎线固定，绑扎线可选用 BV-2.5mm$^2$ 电线；

3）电缆敷设应排列整齐，水平敷设的电缆，应在首尾两端、转角两侧及每隔 5～10m 处设置固定点；

4）电缆种类选择：固定点的间距电力电缆全塑型为 1000mm，非全塑型为 1500mm，控制电缆为 1000mm；

5）沿桥架敷设电缆在其两端、拐弯处、交叉处应挂标志牌，直线段应适当增设标志牌。

（3）图示如图 2.7.12-1、图 2.7.12-2 所示。

图 2.7.12-1　桥架内电缆敷设的现场图 1

图 2.7.12-2　桥架内电缆敷设的现场图 2

## 2.7.13　墙面桥架洞口防火封堵做法

（1）部位：墙面桥架洞口的防火封堵。

本做法指的是桥架穿线施工中最后的洞口封堵工序的做法。

（2）做法与要求：

1）桥架穿越洞口施工前，先将洞口处清理干净，之后再进行桥架的安装、固定；

2）桥架安装过程中，严禁破坏穿墙处的桥架保护层、防火涂料等；

3）防火包按照要求摆放整齐，防火包与桥架之间应紧密贴实。桥架内的电缆与电缆之间、桥架与电缆之间应用防火包填实，且防火包的厚度应不小于 24cm；

4）装饰板安装选材时，应采用 5mm 厚塑料板，板的单侧应印刷黄、黑间隔条纹；

5）洞口用防火泥封堵，防火泥应比防火板表面高出 1cm。

（3）图示如图 2.7.13–1、图 2.7.13–2 所示。

图 2.7.13–1　桥架洞口防火封堵现场图 1

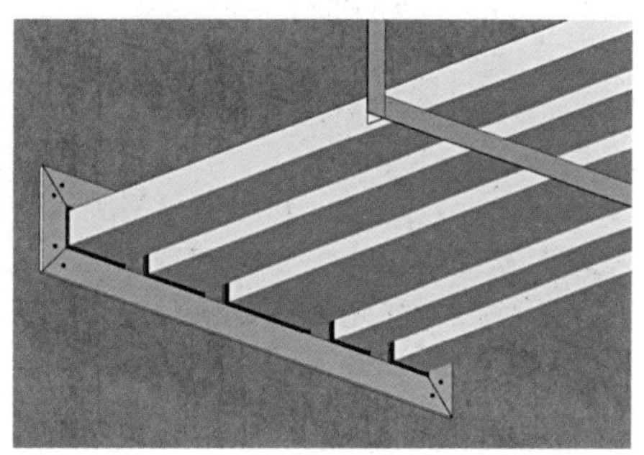

图 2.7.13–2　桥架洞口防火封堵现场图 2

## 2.7.14　桥架及母线穿楼板、穿墙防火封堵做法

（1）部位：桥架及母线穿楼板、穿墙防火部位。

本做法指的是桥架及母线穿楼板、穿墙施工过程中最后的洞口封堵工序的做法。

（2）做法与要求：

1）防火隔板采用矿棉半硬板或厚 4mm 及以上钢板（若使用钢板必须保证钢板与接地母线可靠跨接）。上下防火板夹层空间内可用岩棉或防火枕填充；电缆与防火枕、桥架与防火板间隙用防火胶泥填封。洞口下方防火隔板使用膨胀螺丝固定，两个膨胀丝间距不大于 30cm；

2）预留桥架洞尺寸，应比桥架四周尺寸各大 3cm；

3）水平桥架防火封堵防火板时，应紧贴墙面，不得有间隙。桥架盖板穿楼板处应断开。

母线穿楼板与墙体防火封堵做法可参照桥架防火封堵做法。

（3）图示如图 2.7.14 所示。

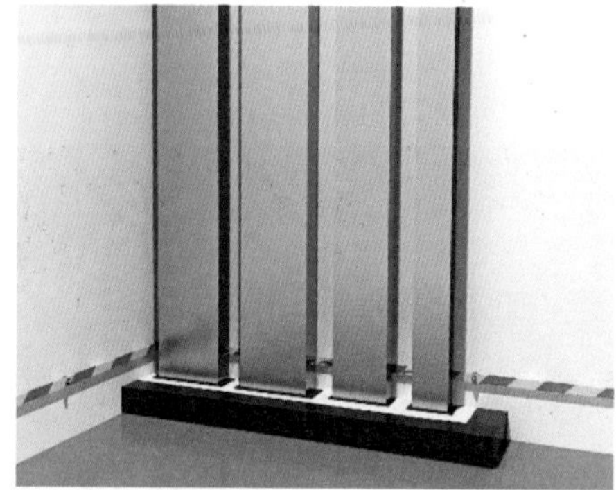

图 2.7.14　桥架及母线穿楼板防火封堵现场图

## 本章参考文献

[1]《工程质量安全手册（试行）》（2018 年 9 月住房和城乡建设部 建质〔2018〕95 号）

[2] 中华人民共和国国家标准. 建筑工程施工质量验收统一标准 GB 50300-2013［S］. 北京：中国建筑工业出版社，2013.

[3] 中华人民共和国国家标准. 建筑工程施工质量评价标准 GB/T 50375-2016［S］. 北京：中国建筑工业出版社，2016.

# 附录A
## 济南市住房和城乡建设局印发“关于加强房屋建筑工程质量安全管理‘十不准’规定的通知”

济建发〔2019〕6号 2019年4月19日

### 一、加强房屋建筑工程质量管理“十不准”规定

（一）现场人员管理。合同约定的项目负责人和关键岗位人员擅自变更或不到岗履职，逾期不改正的，不准继续施工。违者约谈企业主要负责人，实施信用惩戒。

（二）地基基础检测。复合地基、桩基础检验结果不符合设计要求，不准擅自进行下道工序施工。违者责令停工，责成委托有资质的鉴定机构进行鉴定，实施信用惩戒、行政处罚，取消工程评奖评优资格。

（三）分部分项验收。基槽、地基、基础及主体结构等分部分项工程未经验收或者验收不合格，不准擅自隐蔽或进行下道工序施工。违者责成对相应的分部分项工程委托有资质的鉴定机构进行鉴定，实施信用惩戒，取消工程评奖评优资格。

（四）重大设计变更。地基、基础及主体结构发生重大改变，未履行设计变更及图审程序，不准擅自施工。违者责令停工整改，约谈参建三方单位主要负责人；情节严重的，实施信用惩戒、行政处罚，取消工程评奖评优资格。

（五）重要材料检验。对涉及工程结构安全和主要使用功能建筑材料及构配件，未经检验或者检验不合格，不准擅自使用。违者责成委托有资质的鉴定机构进行鉴定；鉴定不合格的，责令停工整改或拆除，实施信用惩戒、行政处罚，取消工程评奖评优资格。

（六）样板引路制度。装饰装修、节能保温工程未按规定实施样板引路，

不准展开施工。违者责令限期整改，实施信用惩戒。

（七）公共建筑建设标准。公共建筑不准随意变更原设计图纸内容，擅自降低或取消建筑物使用功能和标准。违者责令整改，逾期不改正的，不得进行竣工验收。

（八）工程竣工验收。工程未按图纸施工完毕或明显达不到合格标准的，建设单位不准组织竣工验收。违者责令限期整改，约谈建设单位主要负责人；情节严重的，实施信用惩戒、行政处罚，通报曝光。

（九）工程质量保修。工程责任单位不准对业主维修诉求推诿扯皮，拖延维修。违者责令限期整改；情节严重的，约谈企业主要负责人，实施信用惩戒，限制单位招投标资格，通报曝光。

（十）质量事故处理。发生一般及以上质量事故的，责任单位参建的所有在济在建项目全面停工检查，抽查不合格不准施工。对发生事故的参建各方约谈单位主要负责人，实施信用惩戒、行政处罚，取消工程评奖评优资格，通报曝光；情节严重的，暂停相关责任人执业资格，限制单位招投标资格，直至清出济南建设市场。

## 二、加强房屋建筑工程安全管理“十不准”规定

（一）现场安全条件。工程现场安全生产、文明施工、扬尘治理措施达不到要求的，一律不准开工建设。违者责令停工整改，情节严重的，实施信用惩戒、行政处罚。

（二）现场人员管理。合同约定的安全管理人员擅自变更或不到岗履职、特种作业人员无证上岗或配备不齐全，逾期不改正的，不准继续施工。违者约谈责任单位主要负责人，实施信用惩戒。

（三）物料传输管理。机动车、电动车不准进出施工升降机、物料提升机作业。违者责令整改，约谈责任单位主要负责人，实施信用惩戒。

（四）动火审批管理。动火作业未经审批且防火措施不到位，不准进行动

火作业。违者责令停止作业整改，约谈责任单位主要负责人，实施信用惩戒。

（五）起重设备管理。建筑起重机械未按规定安装、检测及验收，一律不准使用。违者责令起重机械停用整改，约谈责任单位主要负责人，实施信用惩戒、行政处罚。

（六）吊篮使用管理。高处作业吊篮未按规定安装及验收，不准使用。违者责令停用整改，约谈责任单位主要负责人，实施信用惩戒、行政处罚。

（七）防护支撑管理。落地、悬挑、附着式升降脚手架及模板工程构配件未按规定检验及验收，不准进行搭设作业。违者责令停止作业，限期整改，约谈责任单位主要负责人，实施信用惩戒；逾期不改正的，实施行政处罚，取消工程评奖评优资格。

（八）基坑支护管理。深基坑工程未按规定进行支护、检测或检测不合格，一律不准进行下道工序施工。违者责令停工整改，责成委托有资质的鉴定机构对基坑进行鉴定，约谈责任单位主要负责人，实施信用惩戒、行政处罚，暂扣施工企业安全生产许可证 30 日，取消工程评奖评优资格，通报曝光。

（九）危险性较大分部分员工程管理。危险性较大分部分员工程安全专项施工方案未按规定审批、论证或未按审批、论证通过的方案施工，一律不准施工作业。违者责令停工整改，约谈责任单位主要负责人，实施信用惩戒、行政处罚，暂扣施工企业安全生产许可证 30 日，取消工程评奖评优资格，通报曝光。

（十）安全事故处理。发生安全生产事故的，责任单位参建的所有在济南在建项目全面停工检查，抽查不合格不准施工。对发生事故的参建各方约谈单位主要负责人，实施信用惩戒、行政处罚，取消工程评奖评优资格，对相关参建单位进行通报曝光；发生一般事故，暂扣安全生产许可证 30～60 日；发生较大事故，暂扣安全生产许可证 60～90 日；发生重大事故，暂扣安全生产许可证 90～120 日，同时暂停相关责任人执业资格 6 个月以上，限制单位招投标资格 6 个月以上，直至清出济南建设市场。

# 附录B

## 济南市建筑工程质量管理标准化工作实施方案

济建发〔2018〕52号 2018年9月10日

为贯彻落实工程质量治理提升行动，进一步规范工程参建各方主体质量行为，强化施工过程质量控制，全面提升我市房屋建筑和轨道交通工程质量水平，争创全国质量强市，根据《山东省工程质量管理标准化工作实施方案》，制定本实施方案。

### 一、指导思想

以党的十九大精神和习近平新时代中国特色社会主义思想为指导，全面落实《住房和城乡建设部关于开展工程质量管理标准化工作的通知》(建质〔2017〕242号)、《中共山东省委、山东省人民政府印发关于开展治理提升行动的实施方案的通知》(鲁发〔2018〕28号)，坚持“百年大计，质量第一”方针，严格执行工程质量有关法律法规和强制性标准，健全质量管理体系，提高现场管控能力，严格落实工程参建各方主体责任，全面提升工程质量水平。

### 二、工作目标

在全市全面开展工程质量管理标准化试点和推广工作，以施工企业为重点，以施工现场为中心，以对质量行为标准化和工程实体质量控制标准化评价为基本手段，大力推进工程质量有关法律、法规和标准、规范的贯彻实施，建立健全企业日常质量管理、施工项目质量管理、工程实体质量控制、工序质量过程控制等管理制度、工作标准和操作规程，建立工程质量管理长效机制，有效提高工程质量整体水平，力争到2020年底，全面推行工程质量管理标准化，具体目标是：

工程质量管理效能明显提升。施工单位、建设（房地产开发）单位等参建主体完善质量决策、保证、监督机制，强化内控管理，全面建立自我约束、持续改进、有效运转的企业质量管理体系。提升全员质量意识，规范全员质量行为，使中小企业的质量管理能力明显增强，促进全市工程质量管理水平“低提、中升、高精”均衡发展。

工程实体质量水平明显提高。全面建立工程实体质量关键节点、关键工序和质量验收的标准化流程和内容清单，实现工序标准化、工艺标准化、细部做法标准化；完善三级技术交底制度，全面落实“三检一交”、见证取样、样板引路、分户验收、工程质量常见问题预防与控制、施工资料管理、项目管理信息化等制度。工程项目施工质量与工程建设强制性标准执行符合率达到100%，住宅工程质量常见问题治理措施覆盖率达到100%。

## 三、主要内容

工程质量管理标准化，是依据有关法律法规和工程建设规范标准，从工程开工到竣工验收备案的全过程，对施工单位工程参建各方主体的质量行为和工程实体质量控制实行的规范化管理活动。其核心内容是质量行为标准化和实体质量控制标准化。

（一）质量行为标准化。依据《建筑法》、《建设工程质量管理条例》、《建设工程项目管理规范》GB/T 50326、《工程建设施工企业质量管理规范》GB/T 50430和ISO 9001质量管理体系等法律法规和规范标准，按照“体系健全、制度完备、责任明确”的要求，健全企业质量管理体系，提高运转效率，强化全面管理，提高质量水平。（详见附件1）

（二）实体质量控制标准化。依据《建筑工程施工质量验收统一标准》GB 50300等现行工程建设质量标准和规范，围绕实体质量形成过程，遵循“施工按规范、验收按标准、操作按工艺规程”的原则，从建筑材料、构配件和设备进场质量控制、施工工序控制及质量验收控制，对地基基础、主体结构、装饰

装修、设备安装、建筑节能、屋面防水等分部分项工程中关键工序、节点质量标准和质量要求作出统一基本规定。（详见附件 2）

## 四、重点任务

（一）严格现场质量关键岗位管理制度。全面落实施工单位质量关键岗位责任制，明确岗位职责。一是工程开工后至竣工前，工程建设、监理、施工单位应将有关人员的信息进行公示，由建设单位在建筑施工现场的明显位置设置参建单位管理人员信息公示牌，公示牌的材料及尺寸可参照济南市《建筑安全文明施工图集》中关于“六牌两图”的要求执行，公示牌的内容应符合市城乡建设委相关文件规定；二是施工单位应在施工现场的明显位置设置质量问题及安全生产隐患警示牌，警示牌应采用坚固、耐久并具有防雨防潮功能的材料制作，尺寸宜为 600mm（宽）×800mm（高），警示牌内容应符合市城乡建设委相关文件规定，各施工单位可根据工程实际需要另外添加警示内容；三是工程竣工验收前，建设单位应当在建筑物明显部位设置永久性标牌，载明建设、勘察、设计、施工、监理单位等工程质量责任主体的名称和主要责任人姓名，永久性牌宜采用花岗岩制作，规格尺寸不应小于 500mm（高）×700mm（宽）。关键岗位人员与招投文件一致，不得随意擅自更换。四是严格领导带班制度，要定期带队检查工程项目关键岗位人员到位与履职情况，存在问题及时督促整改到位。

（二）实施工程实体质量样板引路。工程施工各阶段，全面推行“样板引路”制度。一是制定工程质量样板示范工作方案，分阶段、分步骤地设置工序样板、工艺样板、中间交付样板、竣工样板，以现场示范操作、视频动画、图片文字、实物展示、样板间等形式分阶段直观展示关键部位、关键工序的做法与要求。样板方案经施工单位（质量）技术负责人审核，报项目总监理工程师、开发建设单位项目负责人书面同意签字后，用于技术交底、岗前培训，指导施工和质量验收；二是强化对墙面地面空裂、渗漏等质量常见问题的治理措施，在主体施工阶段或工程展开装饰装修施工前，建设、监理、施工单位必须完成装饰安装样板间（段）施工和检查验收工作。同一项目工程应至少做一个样板间（段）。样板间（段）应在一个单位工程的同一楼层内按户型分别实施。住宅工程样板间设在二层或二层以上，选择至少一个标准户型；公建工程样板间（段）设在二层或二层以上有代表性的卫生间、房间至少各一间。样板间（段）应包含涉及重要使用功能的分部、分项工程的主要内容，宜在同一个单位工程内实施。外墙外保温样板应设置在山墙与外纵墙的转角部位，面积不得小于 $20m^2$，且应至少包含外窗洞口、外墙挑出构件各一处，同一工程项目（标段）采用多个外墙保温系统的，应分别制作。样板间（段）使用的材料、设备，确定的质量标准与竣工状态一致。

（三）深化住宅工程质量常见问题专项治理。一是推行常见问题预控环节标准化，建设单位在设计要求中明确治理目标；开工前下达《住宅工程常见问题专项治理任务书》，组织审批施工专项治理方案，明确专项治理费用和奖罚措施；建设过程中及时督促参建各方落实专项治理责任；房屋交付时按规定向业主提供《住宅使用说明书》和《住宅质量保证书》，明确基本设施、主要功能、使用要求和维保方式。《住宅使用说明书》形成二维码，张贴于分户门内侧，便于用户及时查询。二是在住宅工程结构施工期间，施工单位应对住宅工程结构分户验收实测实量数据标识上墙，参建各方在进行分部工程验收时，应抽取不少于 20% 的比例对住宅工程结构净高、净距进行比对性复核；三是实行初装修验收的住宅工程，应在墙面上弹出标高控制线（1m 线），在地面上弹出轴线控制线（20mm 线）和暗埋管线区域标识线；全装修住宅工程应按规定将室内空间尺寸偏差检验情况张贴于入户项目位置，以便参建各方对室内空间尺寸偏差进行检查验收。四是设计单位要制定常见问题治理专篇并做好技术交底。严格落实见证送样制度，对保障性住房应当按照 100% 的比例进行见证取样与送检。

（四）强化建设单位质量首要责任。建设（房地产开发）单位对工程质量负总责，开工前书面通知各参建方，明确项目负责人、技术（质量）负责人等管理职责和岗位，履行建设单位质量管理职责，提供经审查合格的施工图设计文件，及时组织设计交底，参与工程验收，及时确认施工过程文件。未委托监理的，由建设单位履行监理工作管理与验收职责。建设过程中，严禁明示或者暗示设计、施工等单位违反工程建设强制性标准，降低工程质量，涉及结构和主要使用功能的重大设计变更需经设计单位项目（技术）负责人审查签字并书面确认。科学确定合理工期，实施有效管控，房屋建筑工程混凝土结构施工每层工期原则上不少于 5 日。确需压缩工期的，提出保证工程质量和安全的技术措施及方案，经专家论证通过后方可实施。建设单位要求压缩工期的，因压缩工期所增加的费用由建设单位承担，随工程进度款一并支付。

（五）建立质量责任追溯制度。严格落实“两书一牌”和城建档案管理制度。明确各分部、分项工程及关键部位、关键环节的质量责任人，严格施工过程质量控制，加强施工记录和验收资料管理，建立施工过程质量责任标识制度，全面落实建设工程质量终身责任承诺和竣工后永久性标牌制度，保证工程质量的可追溯性。

（六）推行工程质量风险源管控机制。施工企业在编制施工组织设计、专项施工方案时，应结合项目特点编制工程质量风险源分析与预控方案，在设计交底、图纸会审、施工组织、过程控制和验收整改等阶段，实施针对性管控。健全三级技术交底制度，提高技术交底的深度和针对性，及时签署交底文件并留档，鼓励推行可视化交底，设置班前讲评台，采用图册、图版、视频、虚拟技术等提升交底成效。

（七）促进质量管理标准化与信息化融合。充分发挥信息化手段在工程质量管理标准化中的作用，大力推广建筑信息模型（BIM）、大数据、智能化、移动通信、云计算、物联网等信息技术应用，推动各方主体、监管部门等协同管理和共享数据，打造基于信息化技术、覆盖施工全过程的质量管理标准化体系。

（八）建立质量管理标准化评价体系和激励机制。按照“标杆引路、以点带面、有序推进、确保实效”的要求，及时总结具有可推广、可复制的工作方案、管理制度、指导图册、实施细则和工作手册等质量管理标准化成果，建立基于质量行为标准化和工程实体质量控制标准化为核心内容的评价办法和评价标准。积极完善济南市优良建筑工程评审办法和济南市建筑工程优质结构评审办法，鼓励企业多创优良工程、精品工程。开展工程质量管理标准化示范项目创建活动，组织示范项目的观摩、交流活动，对工程质量管理标准化的实施情况及效果开展评价，定期通报工程质量管理标准化评价风险预警项目及企业名单，并将有关情况按照规定记入诚信评价体系。

（九）完善装配式建筑标准化体系建设。根据国家、省有关技术标准和规程，研究完善我市装配式建筑技术标准体系，支持我市企业制定装配式建筑各种技术体系专用标准，条件成熟的推荐上升为国家标准，装配式技术建造的工程项目重点部位、节点的质量控制，采用标准化评价。

## 五、实施步骤

全市工程质量管理标准化工作分三个阶段推进。

（一）试点示范阶段（2018 年 8 月～2019 年 6 月）。充分调动施工企业和工程项目部的参与度和积极性，制定相关管理文件，选择五家施工企业作为我市工程质量管理标准化试点企业。试点企业要成立工作专班、制定实施方案，每家试点企业要至少确定 2 个试点示范工程项目，并结合企业实际，对工程质量管理标准化的内容进行完善、充实和细化，加强内部检查、考核，保证试点示范工作有序推进。

（二）逐步推广阶段（2019年6月～2020年6月）。总结试点示范成功经验，逐步推广在一级以上施工企业实施工程质量管理标准化。各施工企业和工程项目认真梳理、分析、总结、提炼，形成具有推广、借鉴价值的管理制度、工作方案、工作流程和评价标准等成果。市城乡建设委开展工程质量管理标准化创建活动，进一步调整优化相关制度、流程，为全面实施奠定基础。

（三）全面实施阶段（2020年6月起）。在全市范围内的施工企业和工程项目中全面实施工程质量管理标准化。各施工企业、工程项目部要对照有关文件、标准、方案要求，认真推行工程质量管理标准化，全面形成重视工程质量标准化，落实工程质量标准化的新常态。各区县建委组织辖区内工程项目质量标准化过程考核评价，保障质量管理标准化的推进广度、深度和效果。市城乡建设委制定考评实施细则，组织全市工程质量管理标准化考评。

## 六、保障措施

（一）加强组织领导。市城乡建设委员会成立工程质量管理标准化工作领导小组（附件3），负责监督、指导和推进全市工程质量管理标准化工作。各区县建设主管部门也要成立相应的组织机构，加强辖区内工程质量管理标准化工作的领导，广泛动员，扎实推进。

（二）强化指导激励。要积极开展教育培训、专家讲座、座谈交流，加强对企业和项目工程质量管理标准化工作的指导。注重信息宣传，营造有利于工作推进的浓厚氛围。及时总结推广成熟经验做法，培育典型，示范引导，推进工程质量管理标准化深入扎实有效开展。建立工作激励机制，提高各层面开展工程质量管理标准化工作的积极性和主动性。工程质量管理标准化工作开展成效明显的，给予全市通报表扬，在企业评选“优质结构杯”、“泉城杯”、文明示范工地、“泰山杯”等及个人评优中予以优先考虑，同时纳入信用评价加分奖励。

（三）加强督导检查。各区县建委、监督机构要认真做好对所属区县工程项目质量管理标准化工作的指导，定期调度进展，及时督导检查。市工程质量与安全生产监督站定期组织观摩推广及宣贯培训工作，现场观摩每半年至少组织一次。市城乡建设委将此项工作纳入对各项工程质量工作的调度、考核、检查重点，对工作扎实、成效明显的，组织观摩推广，对进展不快、问题突出的，进行督办、约谈、通报。同时，各区县建委（建设局）每年6月底、12月底前将工作推进情况，2020年10月底前将工程质量管理标准化工作总结报告报送至市城乡建设委员会质量管理标准化工作领导小组办公室。

**附件：**1．质量行为标准化的主要内容

2．工程实体质量控制标准化的主要内容

3．市城乡建设委员会质量管理标准化工作领导小组名单（略）

## 附件1：质量行为标准化的主要内容

### （一）施工企业部分

1．企业质量管理体系

2．质量管理机构设置和人员配备

3．建筑材料、构件和设备管理

4．分包管理（含物资、设备、劳务分包等）

5．工程项目施工质量管理

6．施工质量检查与验收

7．质量管理检查与评价

8．质量管理培训

9．其他

### （二）工程项目部分

1．项目质量管理体系

2．质量管理部门设置和人员配备

3．持证上岗

4．《工程质量终身责任承诺书》

5. 施工组织设计、施工方案、作业指导书编制

6. 技术、质量交底

7. 材料、构配件、设备堆放、标识

8. 材料、构配件、设备验收与检测

9. 实物样板展示、图片样板展示

10. 质量标准宣贯及培训

11. 质量观摩会及其他专项质量活动

12. 质量控制三检制（自检、互检、专检）

13. 测量放线、施工检测

14. 工程质量常见问题治理

15. 质量检验（包括样板评审、实测实量、实体检验试验、达标验评等）

16. 分项、分部、单位工程质量验收（住宅工程质量分户验收）

17. 持续改进与创新

18. 质量问题、质量投诉的处置

19. 成品保护

20. 已完工序质量责任挂牌及登记

21. 永久性质量责任标牌设置

22. 工程资料管理

23. 质量评优评奖

24. 质量回访、保修与服务

25. 其他

注：质量行为标准化不限于以上内容，各企业及工程项目根据自身实际补充完善。

## 附件2：工程实体质量控制标准化的主要内容

### 一、地基基础、结构部分

钢筋工程（钢筋保护层控制、柱钢筋定位、钢筋防污染保护等）；模板安装，木模板拼缝处理，梁柱接头模板处理，后浇带模板架设；混凝土浇捣，楼板厚度控制，混凝土楼板防裂控制，混凝土养护，卫生间翻梁，混凝土过梁及窗台，对拉螺栓端部混凝土修补；填充墙体砌筑，构造柱马牙槎，填充墙与梁连接等。

### 二、装饰装修部分

内外墙抹灰、建筑节能保温层施工、墙面（地面）砖铺贴、防水施工、门窗安装、变形缝处理、楼梯踏步及滴水、工程细部［排气孔、出气管、管道支架底座、散水、屋面卷材收口压条、配电箱（盒）边口处理、水簸箕、地漏等］、沉降观测点设置等。

### 三、安装部分

电线保护管敷设、配电箱内排线、开关插座安装、套管预留预埋、消火栓安装、管道标识、避雷带安装、烟道安装、细部处理等。

注：工程实体质量控制标准化不限于以上内容，各企业及工程项目根据实际补充完善。

# 附录 C

## 建筑工程质量管理标准化检查评分表（推荐）

建筑工程质量管理标准化检查评分汇总表　　　　表 1

<table>
<tr><td>工程名称</td><td colspan="2"></td><td>形象进度</td><td></td></tr>
<tr><td>工程地点</td><td colspan="2"></td><td>建筑面积</td><td></td></tr>
<tr><td>开工时间</td><td colspan="2"></td><td>结构类型</td><td></td></tr>
<tr><td>建设单位</td><td colspan="2"></td><td>项目负责人</td><td></td></tr>
<tr><td>监理单位</td><td colspan="2"></td><td>总监理工程师执业编号</td><td></td></tr>
<tr><td>施工单位</td><td colspan="2"></td><td>项目经理执业编号</td><td></td></tr>
<tr><td colspan="5">检查评分情况</td></tr>
<tr><td>序号</td><td>检查内容</td><td>权重</td><td>得分</td><td>权重分</td></tr>
<tr><td>1</td><td>建设单位质量管理</td><td>0.1</td><td></td><td></td></tr>
<tr><td>2</td><td>监理单位质量管理</td><td>0.2</td><td></td><td></td></tr>
<tr><td>3</td><td>施工单位质量管理</td><td>0.7</td><td></td><td></td></tr>
<tr><td colspan="4">检查得分</td><td></td></tr>
<tr><td>评语</td><td colspan="4"></td></tr>
<tr><td>检查人</td><td colspan="2"></td><td>日期</td><td></td></tr>
</table>

注：1. 各分项权重分等于该分项权重值乘以该分项得分；

2. 检查得分为各分项权重分之和。

## 建设单位质量管理检查评分表 表2

| 工程名称 | | | | | | |
|---|---|---|---|---|---|---|
| 建设单位 | | | | | | |
| 序号 | 检查项目 | 检查方法 | 扣分标准 | 应得分数 | 扣减分数 | 实得分数 |
| 1 | 合同管理 | 核查中标通知书、设计、勘察、施工、监理合同、资质证书 | 合同无奖罚措施，扣5分；<br>工程肢解发包扣10分；<br>*工程发包给无资质企业 | 15 | | |
| 2 | 施工图审查 | 核查施工图审查意见书、合格证、施工图纸 | *无审查合格证书；<br>审查合格证书迟于开工日期，扣5分；<br>未执行先勘察、后设计审查原则，扣5分；<br>施工图未盖审图专用章，扣5分；<br>施工图审查意见未落实，扣5分；<br>按规定应重新图审而未图审的，扣5分 | 25 | | |
| 3 | 质量报监手续 | 核查报监手续、监督交底记录 | *未办理质量报监手续；<br>办理质量报监迟于开工日期，扣5分 | 5 | | |
| 4 | 施工许可证 | 核查施工许可证、关键岗位人员 | *未办理施工许可证；<br>办理施工许可证迟于开工日期，扣5分；<br>应办理延期手续而未办理的，扣5分；<br>关键岗位人员变更未办理手续的，扣5分 | 15 | | |
| 5 | 图纸会审 | 核查图纸会审记录、答复意见及会议签到表 | 未组织图纸会审，扣5分；<br>图纸会审发现的问题未答复的，扣5分；<br>图纸会审记录签章不齐全，扣5分；<br>无设计单位交底，扣5分 | 20 | | |
| 6 | 管理制度 | 核查管理制度、关键岗位人员考勤记录、责任主体人员信息、质量责任承诺书 | 未明确组织机构和项目负责人，扣10分；<br>未建立质量管理制度的，扣5分；<br>无质量责任承诺书，扣5分；<br>工期压缩无相关质量保证措施、措施无专家论证，扣5分 | 20 | | |
| 检查项目合计得分 | | | | | | |
| 检查人 | | | | 检查日期 | | |

注：带*项为否决项，出现*项内容，对应检查项目不得分。

**监理单位质量管理检查评分表　　表3**

| 工程名称 | | | | | | |
|---|---|---|---|---|---|---|
| 监理单位 | | | | | | |
| 序号 | 检查项目 | 检查方法 | 扣分标准 | 应得分数 | 扣减分数 | 实得分数 |
| 1 | 监理单位质量管理 | 核查相关文件、证书 | * 总监无从业资格；<br>无总监任命书，扣3分；<br>总监变更未履行相关手续，扣3分；<br>未对监理项目部检查并留有检查记录和复查记录，每次扣2分，累计不超过6分 | 10 | | |
| 2 | 监理部质量管理 | 核查资格证书、岗位职责、监理记录、例会记录，查看办公场所、检测工具配备 | 组织机构不健全，岗位设置不合理，扣3分；<br>监理人员数量、专业不符合规定，扣3分；<br>未按规定进行旁站、巡视、平行检验，每次1分，累计不超过10分；<br>无监理规划、实施细则，扣2分，未按程序审批、审批不及时，扣1分<br>无必要检测工具和相关标准，每个扣1分，累计不超过5分；<br>无监理例会纪要，每次扣1分，累计不超过5分 | 20 | | |
| 3 | 监理审批、审核 | 核查开工报告、相关方案、专家论证资料、资质审查资料 | 未按规定审批开工报告，扣2分；<br>未按规定审批《施工组织设计》，扣5分；<br>未按规定审批专项方案，扣5分；<br>未审查分包单位资格，扣2分；<br>未审查检测机构资质，扣2分 | 10 | | |
| 4 | 材料报验 | 核查材料报验单、进场材料验收台账 | 未及时对进场材料进行验收，每次扣2分，累计不超过10分；<br>未建立材料见证取样台账，扣3分；<br>台账记录不全或无可追溯性，扣2分 | 10 | | |

续表

| 工程名称 | | | | | | |
|---|---|---|---|---|---|---|
| 监理单位 | | | | | | |
| 序号 | 检查项目 | 检查方法 | 扣分标准 | 应得分数 | 扣减分数 | 实得分数 |
| 5 | 工程报验与验收 | 核查隐蔽工程、检验批、分项、分部验收记录 | 隐蔽工程未及时验收，每次扣 2 分，累计不超过 10 分；<br>检验批未验收，每次扣 2 分，累计不超过 6 分；<br>分项工程未验收，每次扣 2 分，累计不超过 6 分；分部工程未验收，扣 4 分 | 20 | | |
| 6 | 监理通知 | 核查监理通知和整改回复单 | 存在质量缺陷，未下达监理通知的和未复查的，扣 3 分；<br>存在重大质量隐患，未下达工程暂停令和整改后未复查的，扣 5 分 | 10 | | |
| 7 | 监理报告 | 核查监理月报、书面报告 | 无监理月报，扣 2 分；<br>存在重大质量问题，未按规定向建设主管部门或其所属质量监督机构报告，扣 5 分 | 5 | | |
| 8 | 监理资料 | 核查监理资料 | 无专人管理监理资料，扣 5 分；<br>资料未分类整理、编目不清，扣 3 分；<br>报验单、验收记录、检测报告等工程资料未留存，扣 5 分 | 15 | | |
| 检查项目合计得分 | | | | | | |
| 检查人 | | | | 检查日期 | | |

注：带 * 项为否决项，出现 * 项内容，对应检查项目不得分。

施工单位质量管理检查评分表　　表4

| 工程名称 | | | | | | |
|---|---|---|---|---|---|---|
| 施工单位 | | | | | | |
| 序号 | 检查项目 | 检查方法 | 扣分标准 | 应得分数 | 扣减分数 | 实得分数 |
| 1 | 施工企业质量管理 | 核查企业质量体系文件、任命文件 | 无企业质量体系文件，扣2分；<br>* 项目经理资格不符合要求；<br>未任命项目经理和相关管理人员，扣2分；<br>无质量管理策划方案或方案未审批、交底，扣2分 | 6 | | |
| 2 | 项目部机构设置 | 核查资格证书 | 质量检查员无资格证书，每人扣1分；<br>质量检查员配备数量不足，缺1人扣0.5分；<br>未按要求设置质量管理部门，扣1分 | 5 | | |
| 3 | 标识标牌 | 现场检查 | 现场未设置六牌两图、五方责任主体授权书、承诺书标牌、项目管理人员公示牌、质量问题警示牌，每项扣2分 | 6 | | |
| 4 | 材料进场验收 | 核查验收记录、台账 | 无材料进场检查验收记录，每次扣1分；<br>无进场材料质量验收台账，扣2分 | 5 | | |
| 5 | 材料、设备存放与管理 | 现场检查、现场材料堆放与标识 | 钢筋加工区、水泥库房、标养室等设置不规范，扣2分；<br>材料未分类堆放、标识，每处扣1分 | 5 | | |
| 6 | 质量证明文件和检测报告 | 核查材料质量证明文件、复验报告 | * 使用不合格材料；<br>材料使用前未经检测，每项扣1分；<br>无材料合格证明文件或证明文件不真实，每项扣1分 | 6 | | |
| 7 | 见证取样检测和实体质量检测 | 核查见证取样记录、检测报告 | 未编制见证取样送检计划或计划不合理、未报批，扣1分；<br>见证取样数量不足或检测项目不符合规定，每次扣0.5分；<br>见证取样人员无岗位证书或配备数量不足，扣1分 | 6 | | |

续表

| 工程名称 | | | | | | |
|---|---|---|---|---|---|---|
| 施工单位 | | | | | | |
| 序号 | 检查项目 | 检查方法 | 扣分标准 | 应得分数 | 扣减分数 | 实得分数 |
| 8 | 施组方案技术交底 | 核查施组方案技术交底记录 | 未按时编制施工组织设计、施工方案，或审批不符合要求，每项扣1分；<br>无书面技术交底，每份扣1分，累计不超过5分；<br>技术交底未办理签字手续，每份扣1分 | 10 | | |
| 9 | 样板制落实情况 | 现场查看、核查样板验收记录、影像资料 | 无样板施工方案，扣3分；<br>未制作样板即进行大面积施工，每项扣1分；<br>样板无验收记录，每项扣1分 | 10 | | |
| 10 | 三检制落实情况 | 现场查看、核查三检记录 | 未自检的，每项扣1分；<br>未互检的，每项扣1分；<br>未交接检的，每项扣1分 | 5 | | |
| 11 | 隐蔽工程验收 | 验收记录 | 隐蔽工程未组织验收每项扣2分；<br>验收记录内容不全，验收记录签字不全，未留存影像资料每项扣0.5分 | 5 | | |
| 12 | 混凝土试块留置 | 现场查看、核查试块留置计划 | 无试块留置计划，扣1分；<br>试块留置数量不足，扣1分；<br>同条件养护试块留置位置不正确，扣1分；<br>同条件养护试块无保护措施，扣1分 | 4 | | |
| 13 | 检验批、分项、分部验收记录 | 核查检验批划分计划、相关验收记录 | 无检验批划分计划，扣1分；<br>无检验批验收记录。缺检验批验收记录，每项扣0.5分；<br>无分项工程验收记录，每项扣1分；<br>无分部工程验收记录，扣2分；<br>验收记录填写不完整或签字不齐全，每项扣0.5分 | 5 | | |

续表

| 工程名称 | | | | | | |
|---|---|---|---|---|---|---|
| 施工单位 | | | | | | |
| 序号 | 检查项目 | 检查方法 | 扣分标准 | 应得分数 | 扣减分数 | 实得分数 |
| 14 | 质量问题和事故处理 | 现场查看、核查整改报告 | 无质量问题处理制度和质量事故责任追究制度，扣 2 分；<br>无质量问题整改记录，每项扣 2 分；<br>无质量问题整改复查记录，每项扣 1 分 | 5 | | |
| 15 | 质量通病治理 | 现场查看，核验资料 | 无工程常见问题专项治理方案，扣 1 分；<br>未落实方案治理措施，每项扣 0.5 分 | 4 | | |
| 16 | 实测实量 | 现场查看，核验资料 | 未编制专项实测实量方案，扣 2 分；<br>未按专项方案实施，或实施不彻底，每分项扣 0.5 分 | 5 | | |
| 17 | 项目部标准、检查工具配置 | 核查登记台账 | 无标准、检查工具、仪器明细登记台账，扣 1 分；<br>未按台账配备必要的标准、检查工具、仪器，每个扣 0.5 分；<br>计量和检测工具未按规定周期校准检定，每个扣 0.5 分 | 3 | | |
| 18 | 工程质量资料 | 核查工程资料 | 过程资料与进度不同步，扣 2 分；<br>资料未及时归类整理、编目，扣 1 分；<br>资料不真实、签章不全，每项扣 1 分 | 5 | | |
| 附加分 | | | | | | |
| 序号 | 检查项目 | 检查方法 | 加分标准 | | 实得分 | |
| 1 | BIM 管理 | 核查资料 | BIM 技术应用每获得市级大赛奖项的，加 1 分；<br>BIM 技术应用每获得省级大赛奖项的，加 2 分；<br>BIM 技术应用每获得国家级大赛奖项的，加 3 分；<br>BIM 技术应用每获得国际级大赛奖项的，加 5 分；<br>（本项累计得分不超过 5 分） | | | |

续表

| 工程名称 | | | | | | |
|---|---|---|---|---|---|---|
| 施工单位 | | | | | | |
| 序号 | 检查项目 | 检查方法 | 扣分标准 | 应得分数 | 扣减分数 | 实得分数 |
| 2 | 科技创新 | 专利、QC、工法完成情况 | 每获得一项实用新型专利授权加 0.5 分；<br>获得一项发明专利授权加 1 分；<br>获得一项市级 QC、工法加 1 分；<br>获得一项省级 QC、工法加 2 分；<br>获得一项国家级 QC、工法加 3 分；<br>（以上项目主要完成人中至少两人以上为本项目备案人员；本项累计得分不超过5分） | | | |
| 检查项目合计得分 | | | | | | |
| 检查人 | | | | 检查日期 | | |

注：带＊项为否决项，出现＊项内容，对应检查项目不得分。